建筑施工特种作业人员培训教材

建筑施工现场场内推土机司机

建筑施工特种作业人员培训教材编委会　组织编写

中国建筑工业出版社

图书在版编目（CIP）数据

建筑施工现场场内推土机司机/建筑施工特种作业人员
培训教材编委会组织编写. —北京：中国建筑工业出版
社，2019.7（2021.5重印）
建筑施工特种作业人员培训教材
ISBN 978-7-112-23888-0

Ⅰ.①建… Ⅱ.①建… Ⅲ.①建筑机械-推土机-操作-技
术培训-教材 Ⅳ.①TU623

中国版本图书馆 CIP 数据核字（2019）第 129335 号

本书依据新版的标准规范，全面讲述了建筑施工现场场内推土机
司机应掌握的内容，包括建筑施工安全生产知识，安全防护知识，应
急知识，推土机的日常维护保养等专业知识，本书适合作为建筑施工
现场作业人员、管理人员的培训教材，也可供相关人员参考学习。

责任编辑：李 慧 李 明 李 杰
责任校对：张 颖

建筑施工特种作业人员培训教材
建筑施工现场场内推土机司机
建筑施工特种作业人员培训教材编委会 组织编写
＊
中国建筑工业出版社出版、发行（北京海淀三里河路 9 号）
各地新华书店、建筑书店经销
北京红光制版公司制版
北京建筑工业印刷厂印刷
＊
开本：850×1168毫米 1/32 印张：3¾ 字数：100千字
2019 年 10 月第一版 2021 年 5 月第三次印刷
定价：**15.00**元
ISBN 978-7-112-23888-0
（34120）

3

前　言

　　《中华人民共和国安全生产法》规定："生产经营单位的特种作业人员必须按照国家有关规定经专门的安全作业培训，取得相应资格，方可上岗作业"。建筑施工特种作业人员是指在房屋建筑和市政工程施工活动中，从事可能对本人、他人及周围设备设施的安全造成重大危害作业的人员。作为建设行业高危工种之一，其从业直接关系建筑施工质量安全，直接关系公民生命、财产安全和公共安全。

　　为进一步紧贴建筑施工特种作业人员职业素质和适岗能力的实际需要，编写委员会组织编写了《建筑电工》《建筑架子工》《附着式升降脚手架架子工》《建筑起重信号司索工》等24个工种的系列教材。该套教材既是相关工种培训考核的指导用书，又是一线建筑施工特种作业人员的实用工具书。

　　本套教材在编写过程中，得到了江苏省相关专家和部门的大力支持，在此一并表示感谢！因编者水平有限，难免会存在疏漏和不足之处，真诚希望广大同行和读者给予批评指正。

编者

二〇一九年五月

目 录

第一部分 公共基础知识

第一部分　公共基础知识

第一章　职业道德

第一节　道德的含义和基本内容

1. 道德的含义

道德是一种社会意识形态，是人们共同生活及其行为的准则与规范。

意识形态除了道德以外，还包括政治、法律、艺术、宗教、哲学和其他社会科学等，是对事物的理解、认知，对事物的感观思想，是观念、观点、概念、思想、价值观等要素的总和。如：对生命的认识和观点；对金钱物质的看法等。

道德往往代表着社会的正面价值取向，起到判断行为正当与否的作用。道德是以善恶为标准，通过社会舆论、内心信念和传统习惯来评价人的行为，调整人与人之间以及个人与社会之间相互关系的行动规范的总和。

2. 道德与法纪的关系

遵守道德是指按照社会道德规范行事，不做损害他人的事。遵守法纪是指遵守纪律和法律，按照规定行事，不违背纪律和法律的规定条文。法纪与道德既有区别也有联系，它们是两种重要的社会调控手段。

（1）法纪属于社会制度范畴，而道德属于社会意识形态范畴。道德侧重于自我约束，是行为主体"应当"的选择，依靠人们的内心信念、传统习惯和社会舆论发挥其作用，不具有强制力；而法纪则侧重于国家或组织的强制手段，是国家或组织制定和颁布，用以调整、约束和规范人们行为的权威性规则。

（2）遵守法纪是遵守道德的最低要求。道德一般又可分为两类：第一类是社会有序化要求的道德，是维系社会稳定所必不可少的最低限度的道德，如不得暴力伤害他人、不得用欺诈手段谋取利益、不得危害公共安全等；第二类是那些有助于提高生活质量、增进人与人之间紧密关系的原则，如博爱、无私、乐于助人、不损人利己等。第一类道德有时也会上升为法纪，通过制裁、处分或奖励的方法得以推行。而第二类道德是对人性较高要求的道德，一般不宜转化为法纪，需要通过教育、宣传和引导等手段来推行。法纪是道德的演化产物，其内容是道德范畴中最基本的要求，因此遵纪守法是遵守道德的最低要求。

（3）遵守道德是遵守法纪的坚强后盾。首先，法纪应包含最低限度的道德，没有道德基础的法纪，是无法获得人们的尊重和自觉遵守的。其次，道德对法纪的实施有保障作用，"徒善不足以为政，徒法不足以自行"，执法者职业道德的提高，守法者的法律意识、道德观念的加强，都对法纪的实施起着推动的作用。再者，道德又对法纪有补充作用，有些不宜由法纪调整的，或本应由法纪调整但因立法的滞后而尚"无法可依"的，道德约束往往就起到了必要的补充作用。

3. 公民道德的基本内容

公民道德主要包括社会公德、职业道德、家庭美德及个人品德四个方面。

（1）社会公德。公德是指与国家、组织、集体、民族、社会等有关的道德，社会公德是社会道德体系的社会层面，是维护社会公共生活正常进行的最基本的道德要求，是全体公民在社会交往和公共生活中应该遵循的行为准则，涵盖了人与人、人与社会、人与自然之间的关系。以文明礼貌、助人为乐、爱护公物、保护环境、遵纪守法为主要内容的社会公德，旨在鼓励人们在社会上做一个好公民。

（2）职业道德。职业道德是人们在职业生活中应当遵循的基本道德，是职业品德、职业纪律、专业能力及职业责任等的总称，它通过公约、守则等对职业生活中的某些方面加以规范。职业道德涵盖了从业人员与服务对象、职业与职工、职业与职业之间的关系；它既是对从业人员在职业活动中的行为要求，又是本行业对社会所承担的道德责任和义务。以爱岗敬业、诚实守信、办事公道、服务群众、奉献社会为主要内容的职业道德，旨在鼓励人们在工作中做一个好的建设者。

（3）家庭美德。家庭美德是调节家庭成员之间、邻里之间以及家庭与国家、社会、集体之间的行为准则，也是评价人们在恋爱、婚姻、家庭、邻里之间交往中的行为是非、善恶的标准。以尊老爱幼、男女平等、夫妻和睦、勤俭持家、邻里团结为主要内容的家庭美德，旨在鼓励人们在家庭生活里做一个好成员。

（4）个人品德。个人品德是一定社会的道德原则和规范在个人思想和行为中的体现，是一个人在其道德行为整体中所表现出来的比较稳定的、一贯的道德特点和倾向。个人品德是每个公民个人修养的体现，现代人应树立关爱、善待和宽厚的理念，对他人、对社会、对自然有关爱之心、善待之举和宽厚情怀。个人品德的内容包括很多，比如正直善良、谦虚谨慎、团结友爱、言行一致等。

社会公德、职业道德、家庭美德、个人品德这四个方面是一个有机的统一体，其外延由大到小，内涵由浅到深，共同构成一个完善的道德体系。在"四德"建设中，人的能动性及个人品德建设是至关重要的，个人品德的修养是树立道德意识、规范言行举止、建设和谐家庭、做好模范工作、维护社会和谐的基础。只有个人具备优良品德修养才能由己及人，才能由己及家庭、集体和社会。正确处理个人与社会、竞争与协作、经济效益与社会效益等关系，树立尊重人、理解人、关心人的理念，发扬社会主义人道主义精神，提倡为人民为社会多做好事、体现社会主义制度优越性、促进社会主义市场经济健康有序发展的良好道德风尚。

党的十八大对未来我国道德建设也做出了重要部署。强调依法治国和以德治国相结合，加强社会公德、职业道德、家庭美德、个人品德教育，弘扬中华传统美德，倡导时代新风，指出了道德修养的"四位一体"性。十八大报告中"推进公民道德建设工程，弘扬真善美、贬斥假恶丑，引导人们自觉履行法定义务、社会责任、家庭责任，营造劳动光荣、创造伟大的社会氛围，培育知荣辱、讲正气、作奉献、促和谐的良好风尚"，强调了社会氛围和社会风尚对公民道德品质的塑造；"深入开展道德领域突出问题专项教育和治理，加强政务诚信、商务诚信、社会诚信和司法公信建设"，突出了"诚信"这个道德建设的核心。

第二节　职业道德的基本特征和主要作用

1. 职业道德的概念

职业道德是指所有从业人员在职业活动中应该遵循的行为准则，是一定职业范围内的特殊道德要求，即整个社会对从业人员的职业观念、职业态度、职业技能、职业纪律和职业作风等方面的行为标准和要求。

职业道德是随着社会分工的发展，并出现相对固定的职业集团时产生的，人们的职业生活实践是职业道德产生的基础。特定的职业不但要求人们具备特定的知识和技能，而且要求人们具备特定的道德观念、情感和品质。各种职业集团，为了维护职业利益和信誉，适应社会的需要，从而在职业实践中，根据一般社会道德的基本要求，逐渐形成了职业道德规范。

职业道德是对从事这个职业所有人员的普遍要求，它不仅是所有从业人员在其职业活动中行为的具体表现，同时也是本职业对社会所负的道德责任与义务，是社会公德在职业生活中的具体化。每个从业人员，不论是从事哪种职业，在职业活动中都要遵守职业道德，如现代中国社会中教师要遵守教书育人、为人师表的职业道德，医生要遵守救死扶伤的职业道德，企业经营者要遵守诚实守信、公平竞争、合法经营的职业道德等。

具体来讲，职业道德的含义主要包括以下八个方面：

（1）职业道德是一种职业规范，受社会普遍的认可。

（2）职业道德是长期以来自然形成的。

（3）职业道德没有确定的形式，通常体现为观念、习惯、信念等。

（4）职业道德依靠文化、内心信念和习惯，通过职工的自律来实现。

（5）职业道德大多没有实质的约束力和强制力。

（6）职业道德的主要内容是对职业人员义务的要求。

（7）职业道德标准多元化，代表了不同企业可能具有不同的价值观。

（8）职业道德承载着企业文化和凝聚力，影响深远。

2. 职业道德的基本特征

职业道德是从业人员在一定的职业活动中应遵循的、具有自身职业特征的道德要求和行为规范。职业道德具有以下几个特点：

（1）普遍性。从业者应当共同遵守基本职业道德行为规范，且在全世界的所有职业者都有着基本相同的职业道德规范。

（2）行业性。职业道德具有适用范围的有限性，每种职业都担负着一定的职业责任和职业义务，由于各种职业的职业责任和义务不同，从而形成各自特定的职业道德的具体规范。职业道德的内容与职业实践活动紧密相连，反映着特定职业活动对从业人员行为的道德要求。

（3）继承性。职业道德具有发展的历史继承性，由于职业具有不断发展和世代延续的特征，不仅其技术世代延续，其管理员工的方法、与服务对象打交道的方式，也有一定历史继承性。在长期实践过程中形成的职业道德内容，会被作为经验和传统继承下来，如"有教无类"、"学而不厌，诲人不倦"，从古至今都是教师的职业道德。

（4）实践性。一个从业者的职业道德知识、情感、意志、信念、觉悟、良心等都必须通过职业的实践活动，在自己的行为中表现出来，并且接受行业职业道德的评价和自我评价。

（5）多样性。职业道德表达形式多种多样，不同的行业和不同的职业，有不同的职业道德标准，且表现形式灵活。职业道德的表现形式总是从本职业的交流活动实际出发，采用诸如制度、守则、公约、承诺、誓言、条例等形式，以至标语口号之类来加以体现，既易于为从业人员所接受和实行，而且便于形成一种职业的道德习惯。

（6）自律性。从业者通过对职业道德的学习和实践，逐渐培养成较为稳固的职业道德品质，良好的职业道德形成以后，又会在工作中逐渐形成行为上的条件反射，自觉地选择有利于社会、有利于集体的行为，这种自觉就是通过自我内心职业道德意识、觉悟、信念、意志、良心的主观约束控制来实现的。

（7）他律性。道德行为具有受舆论影响的特征，在职业生涯中，从业人员随时都受到所从事职业领域的职业道德舆论的影响。实践证明，创造良好的职业道德社会氛围、职业环境，并通过职业道德舆论的宣传、监督，可以有效地促进人们自觉遵守职业道德，并实现互相监督，共同提升道德境界。

3. 职业道德的主要作用

在现代社会里，人人都是服务对象，人人又都为他人服务。社会对人的关心、社会的安宁和人们之间关系的和谐，是同各个岗位上的服务态度、服务质量密切相关的。在构建和谐社会的新形势下，大力加强社会主义职业道德建设，具有十分重要的作用。

（1）加强职业道德是提高职业人员责任心的重要途径

职业道德要求把个人理想同各行各业、各个单位的发展目标结合起来，同个人的岗位职责结合起来，以增强员工的职业观念、职业事业心和职业责任感。职业道德要求员工在本职工作中不怕艰苦，勤奋工作，既讲团结协作，又争个人贡献，既讲经济效益，又讲社会效益。加强职业道德要求紧密联系本行业本单位的实际，有针对性地解决存在的问题。

（2）加强职业道德是促进企业和谐发展的迫切要求

职业道德的基本职能是调节职能，一方面可以调节从业人员内部的关系，即运用职业道德规范约束职业内部人员的行为，促进职业内部人员的团结与合作，加强职业、行业内部人员的凝聚力；另一方面，职业道德又可以调节从业人员与服务对象之间的关系，用来塑造本职业从业人员的社会形象。

企业是具有社会性的经济组织，在企业内部存在着各种复杂的关系，这些关系既有相互协调的一面，也有矛盾冲突的一面，如果解决不好，将会影响企业的凝聚力。这就要求企业所有的员工具有较高的职业道德觉悟，从大局出发，光明磊落、相互谅解、相互宽容、相互信赖、同舟共济，而不能意气用事、互相拆台。企业内部上下级之间、部门之间、员工之间团结协作，使企业真正成为一个具有社会主义精神风貌的和谐集体。

（3）加强职业道德是提高企业竞争力的必要措施

当前市场竞争激烈，各行各业都讲经济效益，要求企业的经营者在竞争中不断开拓创新。但行业之间为了自身的利益，会产生很多新的矛盾，形成自我力量的抵消，使一些企业的经营者在竞争中单纯追求利润、产值，不求质量，或者以次充好、以假乱真，不顾社会效益，损害国家、人民和消费者的利益，企业得到的只能是短暂的收益，失去的是消费者的信任，也就失去了生存和发展的源泉，难以在竞争的激流中屹立不倒。在企业中加强职业道德使得企业在追求自身利润的同时，又能创造好的社会效益，从而提升企业形象，赢得持久而稳定的市场份额；同时，也使企业内部员工之间相互尊重、相互信任、相互合作，从而提高企业凝聚力，企业方能在竞争中稳步发展。

（4）加强职业道德是个人健康发展的基本保障

市场经济对于职业道德建设有其积极一面，也有消极的一

7

面，它的自发性、自由性、注重经济效益的特性，导致一些人"一切向钱看"，唯利是图，不择手段追求经济效益，从而走入歧途，断送前程。提高从业人员的道德素质，树立职业理想，增强职业责任感，形成良好的职业行为，抵抗物欲诱惑，不被利欲所熏心，才能脚踏实地在本行业中追求进步。在社会主义市场经济条件下，只有具备职业道德精神的从业人员，才能在社会中站稳脚跟，成为社会的栋梁之材，在为社会创造效益的同时，也保障了自身的健康发展。

（5）加强职业道德是提高全社会道德水平的重要手段

职业道德是整个社会道德的主要内容，它一方面涉及每个从业者如何对待职业，如何对待工作，同时也是一个从业人员的生活态度、价值观念的表现，是一个人的道德意识和道德行为发展到成熟阶段的体现，具有较强的稳定性和连续性。另一方面，职业道德也是一个职业集体甚至一个行业全体人员的行为表现，如果每个行业、每个职业集体都具备优良的道德，那么对整个社会道德水平的提高就会发挥重要作用。

第三节　建设行业职业道德建设

1. 加强职业道德建设，践行社会主义核心价值观

"国无德不兴，人无德不立。"习近平总书记指出："核心价值观，其实就是一种德，既是个人的德，也是一种大德，就是国家的德、社会的德。"因此，"必须加强全社会的思想道德建设，激发人们形成善良的道德意愿、道德情感，培育正确的道德判断和道德责任，提高道德实践能力尤其是自觉践行能力，引导人们向往和追求讲道德、尊道德、守道德的生活，形成向上的力量、向善的力量。"培育社会主义核心价值观，首先要培植一种有益于国家、社会、他人的道德。

党的"十八大"提出，倡导富强、民主、文明、和谐，倡导自由、平等、公正、法治，倡导爱国、敬业、诚信、友善，积极

培育和践行社会主义核心价值观。富强、民主、文明、和谐是国家层面的价值目标，自由、平等、公正、法治是社会层面的价值取向，爱国、敬业、诚信、友善是公民个人层面的价值准则。"富强、民主、文明、和谐；自由、平等、公正、法治；爱国、敬业、诚信、友善"，这 24 个字是社会主义核心价值观的基本内容。践行社会主义核心价值观对于道德建设具有重要的指导意义，而加强道德建设又对践行社会主义核心价值观发挥着基础性作用，二者互有联系，相辅相成。

建设行业是社会主义现代化建设中的一个十分重要的行业。工厂、住宅、学校、商店、医院、体育场馆、文化娱乐设施等的建设，都离不开建设行为，它以满足人民群众日益增长的物质文化生活需要为出发点。建设行业职业道德是社会主义核心价值观、社会主义道德规范在建设行业的具体体现。

2. 结合建设行业特点和现实，加强职业道德建设

（1）职业道德建设的行业特点

以建设行业中建筑为例，专业多、岗位多、从业人员多且普遍文化程度较低、综合素质相对不高；条件艰苦，任务繁重，露天作业、高空作业，常年日晒雨淋，生产生活场所条件艰苦，安全设施落后和不足，作业存在安全隐患，安全事故频发；施工涉及面大，人员流动性强，四海为家，四处奔波，难以接受长期定点的培训教育；工种之间联系紧密，各专业、各工种、各岗位前后延续共同完成工程的建设；具有较强的社会性，一座建筑物，凝聚了多方面的努力，体现了其社会价值和经济价值。同时，随着国民经济的发展，建筑行业地位和作用也越来越重要，行业发展关乎国计民生。因此，对从业人员开展及时的、各类形式灵活多样的教育培训，提高道德素质、文化水平、专业知识和职业技能；结合行业特点，加强团结协作教育、服务意识教育和职业道德教育，一切为了社会广大人民和子孙后代的利益，坚持社会主义、集体主义原则，严谨务实，艰苦奋斗、多出精品优质工程，体现其社会价值和经济价值尤为重要。

（2）职业道德建设的行业现实

一个建筑物的诞生或一项工程的竣工需要有良好的设计、周密的施工、合格的建筑材料和严格的检验与监督。近几年来，出现设计结构不合理，计算偏差，不考虑相关因素的情况，埋下重大隐患；施工过程中秩序混乱；建筑材料伪劣产品层出不穷；金钱、人情关系扰乱工程安全质量监督，质量安全事故屡见不鲜。作为百年大计的工程建设产品，如果质量差，损失和危害将无法估量。例如5·12汶川地震中某些倒塌的问题房屋，杭州地铁坍塌，上海、石家庄在建楼房倒塌事件等。造成这些问题的因素很多，但是道德因素是其中最重要的因素之一。再如，面对激烈的市场竞争，一些建筑企业为了拿到工程项目，使用各种手段，其中手段之一就是盲目压价，用根本无法完成工程的价格去投标。中标后就在设计、施工、材料等方面做文章，启用非法设计人员搞黑设计；施工中偷工减料；材料上买低价伪劣产品，最终，使建筑物的"百年大计"大大打了折扣。因此，大力加强建设行业职业道德建设，营造市场经济良好环境，经济效益和社会效益并重尤为紧迫。

3. 建设行业职业道德要求

根据住房和城乡建设部发布的《建筑业从业人员职业道德规范（试行）》，对建筑从业人员共同职业道德规范要求如下：

（1）热爱事业，尽职尽责

热爱建筑事业，安心本职工作，树立职业责任感和荣誉感，发扬主人翁精神，尽职尽责，在生产中不怕苦，勤勤恳恳，努力完成任务。

（2）努力学习，苦练硬功

努力学文化，学知识，刻苦钻研技术，熟练掌握本工种的基本技能，练就一身过硬本领。努力学习和运用先进的施工方法，钻研建筑新技术、新工艺、新材料。

（3）精心施工，确保质量

树立"百年大计、质量第一"的思想，按设计图纸和技术规范精心操作，确保工程质量，用优良的成绩树立建筑工人形象。

（4）安全生产，文明施工

树立安全生产意识，严格安全操作规程，杜绝一切违章作业现象，确保安全生产无事故。维护施工现场整洁，在争创安全文明标准化现场管理中做出贡献。

（5）节约材料，降低成本

发扬勤俭节约优良传统，在操作中珍惜一砖一木，合理使用材料，认真做好落手清、现场清，及时回收材料，努力降低工程成本。

（6）遵章守纪，维护公德

要争做文明员工，模范遵守各项规章制度，发扬团结互助精神，尽力为其他工种提供方便。

4. 特种作业人员职业道德核心内容

（1）安全第一

坚持"生产必须安全，安全为了生产"的意识，严格遵守操作规程。操作人员要强化安全意识，认真执行安全生产的法律、法规、标准和规范，严格执行操作规程和程序，杜绝一切违章作业，不野蛮施工，不乱堆乱扔。

（2）诚实守信

诚实守信作为社会主义职业道德的基本规范，是和谐社会发展的必然要求，它不仅是建设领域职工安身立命的基础，也是企业赖以生存和发展的基石。操作人员要言行一致，表里如一，真实无欺，相互信任，遵守诺言，忠实地履行自己应当承担的责任和义务。

（3）爱岗敬业

爱岗就是热爱自己的工作岗位，敬业就是要用一种恭敬严肃的态度对待自己的工作。操作人员应当热爱本职工作，不怕苦、不怕累，认真负责，集中精力，精心操作，密切配合其他工种施工，确保工程质量，使工程如期完成。这是社会对每个从业者的要求，更应当是每个从业者对自己的自觉约束。

（4）钻研技术

操作人员要努力学习科学文化知识，刻苦钻研专业技术，苦练硬功，扎实工作，熟练掌握本工作的基本技能，努力学习和运用先进的施工方法，精通本岗位业务，不断提高业务能力。

（5）保护环境

文明操作，防止损坏他人和国家财产。讲究施工环境优美，做到优质、高效、低耗。做到不乱排污水，不乱倒垃圾，不影响交通，不扰民施工。

第二章 建筑施工特种作业人员和管理

第一节 建筑施工特种作业

1. 建筑施工特种作业概念

建筑施工特种作业人员是指在房屋建筑和市政工程施工活动中，从事对本人、他人的生命健康及周围设施的安全可能造成重大危害的作业人员。

特种作业有着不同的危险因素，《中华人民共和国安全生产法》规定：生产经营单位的特种作业人员必须按照国家有关规定经专门的安全作业培训，取得相应资格，方可上岗作业。

2. 建筑施工特种作业工种

（1）住房和城乡建设部《建筑施工特种作业人员管理规定》（建质〔2008〕75号）所确定的建筑施工特种作业人员包括：

1）建筑电工。

2）建筑架子工。

3）建筑起重信号司索工。

4）建筑起重机械司机。

5）建筑起重机械安装拆卸工。

6）高处作业吊篮安装拆卸工。

7）经省级以上人民政府建设主管部门认定的其他特种作业。

（2）《江苏省建筑施工特种作业人员管理暂行办法》（苏建管质〔2009〕5号），规定了江苏省的建筑施工特种作业人员包括：

1）建筑电工。

2）建筑架子工。

3）建筑起重信号司索工。

4）建筑起重机械司机。

5）建筑起重机械安装拆卸工。

6）高处作业吊篮安装拆卸工。

7）建筑焊工。

8）建筑起重机械安装质量检验工。

9）桩机操作工。

10）建筑混凝土泵操作工。

11）建筑施工现场场内机动车司机。

12）其他特种作业人员。

目前，江苏省又将"建筑施工现场场内机动车司机"细分为："建筑施工现场场内叉车司机""建筑施工现场场内装载机司机""建筑施工现场场内翻斗车司机""建筑施工现场场内推土机司机""建筑施工现场场内挖掘机司机""建筑施工现场场内压路机司机""建筑施工现场场内平地机司机""建筑施工现场场内沥青混凝土摊铺机司机"等。

第二节 建筑施工特种作业人员

按照国家住房和城乡建设部与江苏省建设行政主管部门的规定，从事建筑施工特种作业的人员应当取得建筑施工特种作业人员操作资格证书，方可上岗从事相应作业。

1. 年龄及身体要求

年满 18 周岁且符合相应特种作业规定的年龄要求。

近 3 个月内经二级乙等以上医院体检合格且无听觉障碍、无色盲，无妨碍从事本工种的疾病（如癫痫病、高血压、心脏病、眩晕症、精神病和突发性昏厥症等）和生理缺陷。

2. 学历要求

初中及以上学历。其中，报考建筑起重机械安装质量检验工（塔式起重机、施工升降机）的人员，应符合下列条件之一：

（1）具有工程机械（建筑机械）类、电气类大专以上学历或工程机械（建筑机械）类、电气类、安全工程类助理工程师任职资格，并从事起重机设计、制造、安装调试、维修、操作、检验工作2年及以上。

（2）具有工程机械（建筑机械）类、电气类中专、理工科（非起重专业）大专以上学历或工程机械（建筑机械）类、电气类、安全工程类技术员任职资格，并从事起重机设计、制造、安装调试、维修、操作、检验工作3年及以上。

（3）具有高中学历并从事起重机设计、制造、安装调试、维修、操作、检验工作5年及以上。

3. 考核要求

（1）报名

全省建筑施工特种作业人员考核、发证及管理系统集成在"江苏省建筑业监管信息平台2.0"上。建筑施工企业人员可由企业统一组织通过监管信息平台直接报名，非建筑施工企业人员向所在地考核基地报名，填报相应工种，经市县建设（筑）主管部门资格审查合格后，到经省建设行政主管部门认定的建筑施工特种作业考核基地，进行培训后参加考核。

凡申请考核、延期复核、换证的人员均须进行二代身份证信息和指静脉信息采集。采集入库的二代身份证和指静脉信息，将作为今后个人进行考核、延期复核、换证、查验的依据，如信息不吻合，将影响上述有关事项的办理。

企业可自行采集本企业申报人员二代身份证信息、指脉信息须由申报人员至考核基地进行现场采集。

（2）考核

建筑施工特种作业人员考核包括安全技术理论和安全操作技能。

考核内容分掌握、熟悉、了解三类。其中掌握即要求能运用相关特种作业知识解决实际问题；熟悉即要求能较深理解相关特种作业安全技术知识；了解即要求具有相关特种作业的基本知识。

（3）考核办法

1）安全技术理论考核。采用无纸化网络闭卷考试方式，考试时间为 2 小时，实行百分制，60 分为合格。其中，安全生产基本知识占 25%、专业基础知识占 25%、专业技术理论占 50%。

2）安全操作技能考核。采用实际操作（或模拟操作）、口试等方式，考核实行百分制，70 分为合格。

3）参考人员在安全技术理论考核合格后，方可参加实际操作技能考核。同一工种的实操考核时间不得早于理论考核时间，在实际操作技能考核合格后，可以取得相应的建筑施工特种作业人员操作资格。

4. 发证

（1）按照住房和城乡建设部《建筑施工特种作业人员管理规定》（建质〔2008〕75 号）的规定，考核发证机关对于考核合格的，应当自考核结果公布之日起 10 个工作日内颁发资格证书。资格证书采用国务院建设主管部门统一规定的式样，由考核发证机关编号后签发。资格证书在全国通用。

（2）江苏省建设行政主管部门从 2017 年下半年开始，试行发放"电子证书"。此项工作得到了住房和城乡建设部的同意。2017 年 10 月 18 日，江苏省政务服务管理办公室与省住房和城乡建设厅联合发文《关于启用住房城乡建设领域从业人员考核合格电子证书使用的有关通知》（省政务办发〔2017〕66 号），文件规定从 2017 年 12 月 1 日起，全面启用电子证书，停发同名纸质证书。根据《中华人民共和国电子签名法》规定，可靠的电子证书具备与同名纸质证书相同效力。省住房和城乡建设厅核发的电子证书，各地在公共资源交易、资质核准予以认可。

（3）电子证书样式（图 2-1）

图 2-1　电子证书的样式

第三节　建筑施工特种作业人员的权利

1. 获得劳动安全卫生的保护权利

建筑施工特种作业人员有获得用人单位提供符合国家规定的劳动安全卫生条件和必要的劳动防护用品的权利；并且有要求按照规定获得职业病健康体检、职业病诊疗、康复等职业病防治服务的权利。

2. 对安全生产状况的知情、参与和建议的权利

建筑施工特种作业人员有获得所从事的特种作业，可能面临的任何潜在危险、职业危害，安全与健康可能造成的后果的知情权；有参与判别和解决所面临的劳动安全卫生问题的权利；有对本单位的安全生产和劳动安全卫生工作建议的权利。

3. 接受职业技能教育培训的权利

建筑施工特种作业人员有接受职业技能教育和安全生产知识培训的权利，以获得对工作环境、生产过程、机械设备和危险物质等方面的有关安全卫生知识。

4. 拒绝违章指挥和强令冒险作业的权利

建筑施工特种作业人员在单位领导或者有关工程技术人员违章指挥，或者在明知存在危险因素而没有采取安全保护措施，强迫命令操作人员作业时，有拒绝工作的权利。

5. 危险状态下的紧急避险权利

在生产劳动过程中，当发现危及作业人员生命安全的情况时，作业人员有权停止工作或者撤离现场。

6. 安全生产活动的监督与批评、检举、控告和申诉的权利

建筑施工特种作业人员对用人单位遵守劳动安全卫生法律法规和标准，履行保护工人安全健康的责任的情况，有监督的权利。对用人单位违反劳动安全卫生法律法规和标准，不履行其责任的情况，作业人员有批评、检举和控告的权利。在劳动保护等方面受到用人单位不公正待遇时，作业人员有向有关部门提出申诉的权利。

对作业人员的检举、控告和申诉，建设行政主管部门和其他有关部门应当查清事实，认真处理，不得压制和打击报复。

用人单位不得因作业人员对本单位安全生产工作提出批评、检举、控告或者拒绝违章指挥、强令冒险作业及向有关部门提出申诉而降低其工资、福利等待遇或者解除与其订立的劳动合同。

7. 依法获得工伤保险的权利

生产经营单位必须依法参加工伤社会保险，为从业人员缴纳保险费。建筑施工企业必须为从事危险作业的职工办理意外伤害保险，支付保险费。当作业人员发生工伤事故时，有权依法获得相关保险的权利。

第四节 建筑施工特种作业人员的义务

1. 遵守有关安全生产的法律、法规和规章的义务

建筑施工特种作业人员在施工活动中，应当遵守有关安全生产的法律、法规和规章。遵守建筑施工安全强制性标准和用人单位的规章制度，严格按照操作规程操作，做到不违规作业，不违章作业。

2. 提高职业技能和安全生产操作水平的义务

建筑施工特种作业人员面对建筑施工活动中的复杂性和多样性，要不断提高职业技能水平。在未上岗之前应参加岗前技能培训和安全生产操作能力的培训，掌握安全操作知识和技能，取得相应合格证书后方可上岗工作。已在工作岗位上的人员，还必须经常性地参加有关教育培训，熟练掌握本工种的各项安全操作技能，不断提高职业技能和安全生产操作水平。

3. 遵守劳动纪律的义务

建筑施工特种作业人员应严格遵守用人单位的劳动纪律。劳动纪律是用人单位为形成和维持生产经营秩序，保证劳动合同得以履行，要求全体员工在集体劳动、工作、生活过程中以及与劳动、工作紧密相关的其他过程中必须共同遵守的规则。

4. 发现事故隐患和其他不安全因素，立即报告的义务

建筑施工特种作业人员在施工现场直接承担具体的作业活动，更容易发现事故隐患或者其他不安全因素，一旦发现事故隐患或者其他不安全因素，作业人员应当立即向现场安全生产管理人员或者本单位负责人报告，不得隐瞒不报或者拖延报告。如果作业人员发现所报告的事故隐患或者其他不安全因素得不到解决，作业人员也可以越级上报。

5. 完成生产任务的义务

建筑施工特种作业人员完成合理的生产任务是应尽的义务，也是取得劳动报酬的基本条件。作业人员在完成合理生产任务的前提下，还应该保证质量，争做生产劳动的积极分子，为企业经济效益、为社会财富的积累、为国家的发展做出自己应有的贡献。

第五节　建筑施工特种作业人员的管理

根据住房和城乡建设部的规定，省、自治区、直辖市人民政府建设主管部门或者其委托的考核机构负责本行政区域内建筑施工特种作业人员的考核工作。

1. 建设行政主管部门的管理职责

（1）省建设行政主管部门的管理职责

1）负责全省范围内建筑施工特种作业人员的考核监督管理工作。

2）研究制定特种作业人员执业资格考核标准、考核大纲，建立相应工种的试题库。

3）认证特种作业人员执业资格考核基地。

4）负责特种作业人员执业资格考核工作的师资教育培训，监督管理考核考务工作。

5）负责特种作业人员执业证书的颁发和管理。

6）负责特种作业人员统计信息工作。

7）其他监督管理工作。

（2）受委托的市、县建设（筑）主管部门的管理职责

1）负责本行政区域内特种作业人员的监督管理工作，制定本地区特种作业人员考核发证管理制度，建立本地区特种作业人员档案。

2）负责考核基地的初审和考评人员的日常管理。

3）负责特种作业人员考核工作的组织实施。

4）负责特种作业人员考核、延期复核、换证的市、县分级审核。

5）负责特种作业人员执业继续教育。

6）负责特种作业人员的统计信息工作。

7）监督检查特种作业人员的从业活动，查处违章行为并记录在档。

8）其他监督管理工作。

2. 用人单位的管理职责

（1）用人单位对于首次取得执业资格证书的人员，应当在其正式上岗前安排不少于3个月的实习操作。实习操作期间，用人单位应当指定专人指导和监督作业。实习操作期满经用人单位考核合格方可独立作业（所指定的专人应当从已取得相应特种作业资格证书、从事相关工作3年以上、无不良记录的熟练工中选取）。

（2）与持有效执业资格证书的特种作业人员订立劳动合同。

（3）制定并落实本单位特种作业安全操作规程和安全管理制度。

（4）书面告知特种作业人员违章操作的危害。

（5）向特种作业人员提供齐全、合格的安全防护用品和安全的作业条件。

（6）组织或者委托有能力的培训机构对本单位特种作业人员进行年度安全生产教育培训或者继续教育，时间不少于24小时。

（7）建立本单位特种作业人员管理档案。

（8）查处特种作业人员违章行为并记录在档。

（9）法律法规及有关规定明确的其他职责。

3. 特种作业人员应履行的职责

（1）严格遵守国家有关安全生产规定和本单位的规章制度，按照安全技术标准、规范和规程进行作业。

（2）正确佩戴和使用安全防护用品，并按规定对作业工具和设备进行维护保养。

（3）在施工中发生危及人身安全的紧急情况时，有权立即停止作业或者撤离危险区域，并向施工现场专职安全生产管理人员和项目负责人报告。

（4）自觉参加年度安全教育培训或者继续教育，每年不得少于 24 小时。

（5）拒绝违章指挥，并制止他人违章作业。

（6）法律法规及有关规定明确的其他职责。

4. 特种作业人员资格证书的延期

建筑施工特种作业人员执业资格证书有效期为 2 年。有效期满需要延期的，持证人员本人应当在期满前 3 个月内，向原市县考核受理机关提出申请，市县建设行政主管部门初审后，向省建设行政主管部门申请办理延期复核相关手续。延期复核合格的，证书有效期延期 2 年。

（1）特种作业人员申请资格证书延期复核，应当提交下列材料

1）延期复核申请表。

2）身份证（原件和复印件）。

3）近 3 个月内由二级乙等以上医院出具的体检合格证明。

4）年度安全教育培训证明和继续教育证明。

5）用人单位出具的特种作业人员管理档案记录。

6）规定提交的其他资料。

（2）特种作业人员在资格证书有效期内，有下列情形之一的，延期复核结果为不合格

1）超过相关工种规定年龄要求的。

2）身体健康状况不再适应相应特种作业岗位的。

3）对生产安全事故负有直接责任的。

4）2 年内违章操作记录 3 次（含 3 次）以上的。

5）未按规定参加年度安全教育培训或者继续教育的。

6）规定的其他情形。

（3）市县建设（筑）行政主管部门在接到特种作业人员提交

的延期复核申请后，应当根据下列情况分别作出处理

1）对于不符合延期复核申请相关情形的，市县建设（筑）主管部门自收到延期复核资料之日起 5 个工作日内作出不予延期决定，并说明理由；

2）对于提交资料齐全且符合延期复审申请相关情形的，省建设行政主管部门自收到市县建设（筑）主管部门延期复核相关手续之日起 10 个工作日内办理准予延期复核手续。

（4）省建设行政主管部门应当在资格证书有效期满前按相关规定作出决定，逾期未作出决定的，视为延期复核合格。

5. 特种作业人员资格证书的撤销与注销

（1）省建设行政主管部门对有下列情形之一的，应当撤销资格证书

1）持证人弄虚作假骗取资格证书或者办理延期手续的。

2）工作人员违法核发资格证书的。

3）持证人员因安全生产责任事故承担刑事责任的。

4）规定应当撤销的其他情形。

（2）省建设行政主管部门对有下列情形之一的，应当注销资格证书

1）按规定不予延期的。

2）持证人逾期未申请办理延期复核手续的。

3）持证人死亡或者不具有完全民事行为能力的。

4）本人提出要求的。

5）规定应当注销的其他情形。

6. 特种作业人员管理的其他要求

（1）持有特种作业资格证书的执业人员，应当受聘于建筑施工企业或者建筑起重机械出租单位（以下简称用人单位），方可从事相应的特种作业。

（2）任何单位和个人不得非法涂改、倒卖、出租、出借或者以其他形式转让资格证书。

（3）特种作业人员变动工作单位，任何单位和个人不得以任

何理由非法扣押其执业资格证书。

（4）各地应当建立举报制度，公开举报电话或者电子信箱，受理有关特种作业人员考核、发证以及延期复核的举报。对受理的举报，有关机关和工作人员应当及时妥善处理。

第三章　建筑施工安全生产相关
法规及管理制度

第一节　建筑安全生产相关法律主要内容

《中华人民共和国宪法》规定：国家通过各种途径，创造劳动就业条件，加强劳动保护，改善劳动条件，并在发展生产的基础上，提高劳动报酬和福利待遇。

劳动是一切有劳动能力的公民的光荣职责。国有企业和城乡集体经济组织的劳动者都应当以国家主人翁的态度对待自己的劳动。国家提倡社会主义劳动竞赛，奖励劳动模范和先进工作者。

1.《中华人民共和国建筑法》相关内容

（1）建筑活动应当确保建筑工程质量和安全，符合国家的建筑工程安全标准。

（2）从事建筑活动应当遵守法律、法规，不得损害社会公共利益和他人的合法权益。

（3）建筑工程安全生产管理必须坚持安全第一、预防为主的方针，建立健全安全生产的责任制度和群防群治制度。

（4）建筑施工企业应当在施工现场采取维护安全、防范危险、预防火灾等措施；有条件的，应当对施工现场实行封闭管理。

施工现场对毗邻的建筑物、构筑物和特殊作业环境可能造成损害的，建筑施工企业应当采取安全防护措施。

（5）建筑施工企业应当遵守有关环境保护和安全生产的法律、法规的规定，采取控制和处理施工现场的各种粉尘、废气、废水、固体废物以及噪声、振动对环境的污染和危害的措施。

（6）建筑施工企业必须依法加强对建筑安全生产的管理，执行安全生产责任制度，采取有效措施，防止伤亡和其他安全生产事故的发生。

建筑施工企业的法定代表人对本企业的安全生产负责。

（7）施工现场安全由建筑施工企业负责。实行施工总承包的，由总承包单位负责。分包单位向总承包单位负责，服从总承包单位对施工现场的安全生产管理。

（8）建筑施工企业应当建立健全劳动安全生产教育培训制度，加强对职工安全生产的教育培训；未经安全生产教育培训的人员，不得上岗作业。

（9）建筑施工企业和作业人员在施工过程中，应当遵守有关安全生产的法律、法规和建筑行业安全规章、规程，不得违章指挥或者违章作业。作业人员有权对影响人身健康的作业程序和作业条件提出改进意见，有权获得安全生产所需的防护用品。作业人员对危及生命安全和人身健康的行为有权提出批评、检举和控告。

（10）建筑施工企业应当依法为职工参加工伤保险缴纳工伤保险费。鼓励企业为从事危险作业的职工办理意外伤害保险，支付保险费。

（11）施工中发生事故时，建筑施工企业应当采取紧急措施减少人员伤亡和事故损失，并按照国家有关规定及时向有关部门报告。

2. 《中华人民共和国安全生产法》相关内容

（1）生产经营单位必须遵守本法和其他有关安全生产的法律、法规，加强安全生产管理，建立健全安全生产责任制和安全生产规章制度，改善安全生产条件，推进安全生产标准化建设，提高安全生产水平，确保安全生产。

（2）有关协会组织依照法律、行政法规和章程，为生产经营单位提供安全生产方面的信息、培训等服务，发挥自律作用，促进生产经营单位加强安全生产管理。

（3）国家实行生产安全事故责任追究制度，依照本法和有关法律、法规的规定，追究生产安全事故责任人员的法律责任。

（4）生产经营单位应当对从业人员进行安全生产教育和培训，保证从业人员具备必要的安全生产知识，熟悉有关的安全生产规章制度和安全操作规程，掌握本岗位的安全操作技能，了解事故应急处理措施，知悉自身在安全生产方面的权利和义务。未经安全生产教育和培训合格的从业人员，不得上岗作业。

（5）生产经营单位的特种作业人员必须按照国家有关规定经专门的安全作业培训，取得相应资格，方可上岗作业。

（6）生产经营单位应当建立健全生产安全事故隐患排查治理制度，采取技术、管理措施，及时发现并消除事故隐患。事故隐患排查治理情况应当如实记录，并向从业人员通报。

（7）承担安全评价、认证、检测、检验的机构应当具备国家规定的资质条件，并对其作出的安全评价、认证、检测、检验的结果负责。

（8）负有安全生产监督管理职责的部门应当建立举报制度，公开举报电话、信箱或者电子邮件地址，受理有关安全生产的举报；受理的举报事项经调查核实后，应当形成书面材料；需要落实整改措施的，报经有关负责人签字并督促落实。

（9）任何单位或者个人对事故隐患或者安全生产违法行为，均有权向负有安全生产监督管理职责的部门报告或者举报。

（10）新闻、出版、广播、电影、电视等单位有进行安全生产宣传教育的义务，有对违反安全生产法律、法规的行为进行舆论监督的权利。

3.《中华人民共和国特种设备安全法》相关内容

（1）特种设备生产、经营、使用单位应当遵守本法和其他有关法律、法规，建立、健全特种设备安全和节能责任制度，加强特种设备安全和节能管理，确保特种设备生产、经营、使用安全，符合节能要求。

（2）任何单位和个人有权向负责特种设备安全监督管理的部门和有关部门举报涉及特种设备安全的违法行为，接到举报的部门应当及时处理。

（3）特种设备生产、经营、使用单位及其主要负责人对其生产、经营、使用的特种设备安全负责。

特种设备生产、经营、使用单位应当按照国家有关规定配备特种设备安全管理人员、检测人员和作业人员，并对其进行必要的安全教育和技能培训。

（4）特种设备安全管理人员、检测人员和作业人员应当按照国家有关规定取得相应资格，方可从事相关工作。特种设备安全管理人员、检测人员和作业人员应当严格执行安全技术规范和管理制度，保证特种设备安全。

（5）特种设备使用单位应当建立岗位责任、隐患治理、应急救援等安全管理制度，制定操作规程，保证特种设备安全运行。

（6）特种设备使用单位应当建立特种设备安全技术档案。

安全技术档案应当包括以下内容：

1）特种设备的设计文件、产品质量合格证明、安装及使用维护保养说明、监督检验证明等相关技术资料和文件；

2）特种设备的定期检验和定期自行检查记录；

3）特种设备的日常使用状况记录；

4）特种设备及其附属仪器仪表的维护保养记录；

5）特种设备的运行故障和事故记录。

（7）特种设备的使用应当具有规定的安全距离、安全防护措施。

（8）特种设备使用单位应当对其使用的特种设备进行经常性维护保养和定期自行检查，并作出记录。

特种设备使用单位应当对其使用的特种设备的安全附件、安全保护装置进行定期校验、检修，并作出记录。

（9）特种设备使用单位应当按照安全技术规范的要求，在检验合格有效期届满前一个月向特种设备检验机构提出定期检验要求。

特种设备检验机构接到定期检验要求后，应当按照安全技术规范的要求及时进行安全性能检验。特种设备使用单位应当将定期检验标志置于该特种设备的显著位置。

未经定期检验或者检验不合格的特种设备，不得继续使用。

（10）特种设备安全管理人员应当对特种设备使用状况进行经常性检查，发现问题应当立即处理；情况紧急时，可以决定停止使用特种设备并及时报告本单位有关负责人。

特种设备作业人员在作业过程中发现事故隐患或者其他不安全因素，应当立即向特种设备安全管理人员和单位有关负责人报告；特种设备运行不正常时，特种设备作业人员应当按照操作规程采取有效措施保证安全。

（11）特种设备出现故障或者发生异常情况，特种设备使用单位应当对其进行全面检查，消除事故隐患，方可继续使用。

（12）负责特种设备安全监督管理的部门在依法履行监督检查职责时，可以行使下列职权：

1）进入现场进行检查，向特种设备生产、经营、使用单位和检验、检测机构的主要负责人和其他有关人员调查、了解有关情况；

2）根据举报或者取得的涉嫌违法证据，查阅、复制特种设备生产、经营、使用单位和检验、检测机构的有关合同、发票、账簿以及其他有关资料；

3）对有证据表明不符合安全技术规范要求或者存在严重事故隐患的特种设备实施查封、扣押；

4）对流入市场的达到报废条件或者已经报废的特种设备实施查封、扣押；

5）对违反本法规定的行为作出行政处罚决定。

（13）特种设备使用单位应当制定特种设备事故应急专项预案，并定期进行应急演练。

（14）特种设备发生事故后，事故发生单位应当按照应急预案采取措施，组织抢救，防止事故扩大，减少人员伤亡和财产损失，保护事故现场和有关证据，并及时向事故发生地县级以上人民政府负责特种设备安全监督管理的部门和有关部门报告。

与事故相关的单位和人员不得迟报、谎报或者瞒报事故情况，不得隐匿、毁灭有关证据或者故意破坏事故现场。

4. 《中华人民共和国劳动合同法》相关内容

（1）用人单位自用工之日起即与劳动者建立劳动关系。用人单位应当建立职工名册备查。

（2）用人单位招用劳动者时，应当如实告知劳动者工作内容、工作条件、工作地点、职业危害、安全生产状况、劳动报酬，以及劳动者要求了解的其他情况；用人单位有权了解劳动者与劳动合同直接相关的基本情况，劳动者应当如实说明。

（3）用人单位招用劳动者，不得扣押劳动者的居民身份证和其他证件，不得要求劳动者提供担保或者以其他名义向劳动者收取财物。

（4）建立劳动关系，应当订立书面劳动合同。

已建立劳动关系，未同时订立书面劳动合同的，应当自用工之日起一个月内订立书面劳动合同。用人单位与劳动者在用工前订立劳动合同的，劳动关系自用工之日起建立。

（5）劳动合同无效或者部分无效的情形：

1）以欺诈、胁迫的手段或者乘人之危，使对方在违背真实意思的情况下订立或者变更劳动合同的；

2）用人单位免除自己的法定责任、排除劳动者权利的；

3）违反法律、行政法规强制性规定的。

对劳动合同的无效或者部分无效有争议的，由劳动争议仲裁机构或者人民法院确认。

（6）用人单位应当按照劳动合同约定和国家规定，向劳动者及时足额支付劳动报酬。

用人单位拖欠或者未足额支付劳动报酬的，劳动者可以依法向当地人民法院申请支付令，人民法院应当依法发出支付令。

（7）用人单位应当严格执行劳动定额标准，不得强迫或者变相强迫劳动者加班。用人单位安排加班的，应当按照国家有关规定向劳动者支付加班费。

（8）劳动者拒绝用人单位管理人员违章指挥、强令冒险作业的，不视为违反劳动合同。

劳动者对危害生命安全和身体健康的劳动条件，有权对用人单位提出批评、检举和控告。

5.《中华人民共和国刑法》相关内容

（1）【重大责任事故罪】在生产、作业中违反有关安全管理的规定，因而发生重大伤亡事故或者造成其他严重后果的，处三年以下有期徒刑或者拘役；情节特别恶劣的，处三年以上七年以下有期徒刑。

（2）【强令违章冒险作业罪】强令他人违章冒险作业，因而发生重大伤亡事故或者造成其他严重后果的，处五年以下有期徒刑或者拘役；情节特别恶劣的，处五年以上有期徒刑。

（3）【重大劳动安全事故罪】安全生产设施或者安全生产条件不符合国家规定，因而发生重大伤亡事故或者造成其他严重后果的，对直接负责的主管人员和其他直接责任人员，处三年以下有期徒刑或者拘役；情节特别恶劣的，处三年以上七年以下有期徒刑。

（4）【工程重大安全事故罪】建设单位、设计单位、施工单位、工程监理单位违反国家规定，降低工程质量标准，造成重大安全事故的，对直接责任人员，处五年以下有期徒刑或者拘役，并处罚金；后果特别严重的，处五年以上十年以下有期徒刑，并处罚金。

（5）【消防责任事故罪】违反消防管理法规，经消防监督机构通知采取改正措施而拒绝执行，造成严重后果的，对直接责任人员，处三年以下有期徒刑或者拘役；后果特别严重的，处三年以上七年以下有期徒刑。

（6）【不报、谎报安全事故罪】在安全事故发生后，负有报告职责的人员不报或者谎报事故情况，贻误事故抢救，情节严重的，处三年以下有期徒刑或者拘役；情节特别严重的，处三年以上七年以下有期徒刑。

第二节 建筑安全生产相关法规主要内容

1.《建设工程安全生产管理条例》

条例规定了施工单位的相关安全责任，包括：依法取得资质和承揽工程；建立健全安全生产制度和操作规程；保证本单位安全生产条件所需资金的投入；设立安全生产管理机构，配备专职安全生产管理人员；总承包单位对施工现场的安全生产负总责；总承包单位和分包单位对分包工程的安全生产承担连带责任；特种作业人员必须按照国家有关规定经过专门的安全作业培训，并取得特种作业操作资格证书；施工单位的施工组织设计及专项施工方案管理责任；建设工程施工安全技术交底责任；施工现场、办公、生活区安全文明管理责任；相邻建筑物及环保管理责任；施工现场防火管理责任；施工作业人员安全防护及劳保管理责任；施工机械管理责任；施工单位的主要负责人、项目负责人、专职安全生产管理人员任职管理责任；施工单位对管理人员和作业人员的安全生产教育培训管理责任；施工单位应当为施工现场从事危险作业的人员办理意外伤害保险等相关安全责任。

相关内容：

（1）垂直运输机械作业人员、安装拆卸工、爆破作业人员、起重信号工、登高架设作业人员等特种作业人员，必须按照国家有关规定经过专门的安全作业培训，并取得特种作业操作资格证书后，方可上岗作业。

（2）施工单位应当在施工现场入口处、施工起重机械、临时用电设施、脚手架、出入通道口、楼梯口、电梯井口、孔洞口、桥梁口、隧道口、基坑边沿、爆破物及有害危险气体和液体存放处等危险部位，设置明显的安全警示标志。安全警示标志必须符合国家标准。

施工单位应当根据不同施工阶段和周围环境及季节、气候的变化，在施工现场采取相应的安全施工措施。施工现场暂时停止施工的，施工单位应当做好现场防护，所需费用由责任方承担，或者按照合同约定执行。

（3）施工单位应当向作业人员提供安全防护用具和安全防护服装，并书面告知危险岗位的操作规程和违章操作的危害。

作业人员有权对施工现场的作业条件、作业程序和作业方式中存在的安全问题提出批评、检举和控告，有权拒绝违章指挥和强令冒险作业。

在施工中发生危及人身安全的紧急情况时，作业人员有权立即停止作业或者在采取必要的应急措施后撤离危险区域。

2.《生产安全事故报告和调查处理条例》

该条例对事故报告、事故调查、事故等级及事故处理作出了如下规定：

（1）根据生产安全事故（以下简称事故）造成的人员伤亡或者直接经济损失，事故一般分为以下等级：

1）特别重大事故，是指造成 30 人（含 30 人）以上死亡，或者 100 人（含 100 人）以上重伤（包括急性工业中毒，下同），或者 1 亿元（含 1 亿元）以上直接经济损失的事故；

2）重大事故，是指造成 10 人（含 10 人）以上 30 人以下死亡，或者 50 人（含 50 人）以上 100 人以下重伤，或者 5000 万元（含 5000 万元）以上 1 亿元以下直接经济损失的事故；

3）较大事故，是指造成 3 人（含 3 人）以上 10 人以下死亡，或者 10 人（含 10 人）以上 50 人以下重伤，或者 1000 万元（含 1000 万元）以上 5000 万元以下直接经济损失的事故；

4）一般事故，是指造成 3 人以下死亡，或者 10 人以下重伤，或者 1000 万元以下直接经济损失的事故。

（2）事故发生后，事故现场有关人员应当立即向本单位负责人报告；单位负责人接到报告后，应当于 1 小时内向事故发生地县级以上人民政府安全生产监督管理部门和负有安全生产监督管理职责的有关部门报告。

情况紧急时，事故现场有关人员可以直接向事故发生地县级以上人民政府安全生产监督管理部门和负有安全生产监督管理职责的有关部门报告。

（3）事故调查组有权向有关单位和个人了解与事故有关的情况，并要求其提供相关文件、资料，有关单位和个人不得拒绝。

事故发生单位的负责人和有关人员在事故调查期间不得擅离职守，并应当随时接受事故调查组的询问，如实提供有关情况。

事故调查中发现涉嫌犯罪的，事故调查组应当及时将有关材料或者其复印件移交司法机关处理。

3.《特种设备安全监察条例》

（1）特种设备生产、使用单位应当建立健全特种设备安全、节能管理制度和岗位安全、节能责任制度。

特种设备生产、使用单位的主要负责人应当对本单位特种设备的安全和节能全面负责。

特种设备生产、使用单位和特种设备检验检测机构，应当接受特种设备安全监督管理部门依法进行的特种设备安全监察。

（2）特种设备出现故障或者发生异常情况，使用单位应当对其进行全面检查，消除事故隐患后，方可重新投入使用。

（3）特种设备使用单位应当对特种设备作业人员进行特种设备安全、节能教育和培训，保证特种设备作业人员具备必要的特种设备安全、节能知识。

特种设备作业人员在作业中应当严格执行特种设备的操作规程和有关的安全规章制度。

（4）特种设备作业人员在作业过程中发现事故隐患或者其他不安全因素，应当立即向现场安全管理人员和单位有关负责人报告。

第三节 建筑安全生产相关规章及 规范性文件主要内容

1.《建筑起重机械安全监督管理规定》

（1）使用单位应当履行下列安全职责：

1）根据不同施工阶段、周围环境以及季节、气候的变化，对建筑起重机械采取相应的安全防护措施；

2）制定建筑起重机械生产安全事故应急救援预案；

3）在建筑起重机械活动范围内设置明显的安全警示标志，对集中作业区做好安全防护；

4）设置相应的设备管理机构或者配备专职的设备管理人员；

5）指定专职设备管理人员、专职安全生产管理人员进行现场监督检查；

6）建筑起重机械出现故障或者发生异常情况的，立即停止使用，消除故障和事故隐患后，方可重新投入使用。

（2）使用单位应当对在用的建筑起重机械及其安全保护装置、吊具、索具等进行经常性和定期的检查、维护和保养，并作好记录。

（3）禁止擅自在建筑起重机械上安装非原制造厂制造的标准节和附着装置。

（4）建筑起重机械特种作业人员应当遵守建筑起重机械安全操作规程和安全管理制度，在作业中有权拒绝违章指挥和强令冒险作业，有权在发生危及人身安全的紧急情况时立即停止作业或者采取必要的应急措施后撤离危险区域。

（5）建筑起重机械安装拆卸工、起重信号工、起重司机、司索工等特种作业人员应当经建设主管部门考核合格，并取得特种作业操作资格证书后，方可上岗作业。

省、自治区、直辖市人民政府建设主管部门负责组织实施建筑施工企业特种作业人员的考核。

2. 《危险性较大的分部分项工程安全管理办法》

办法对危险性较大的分部分项工程，即房屋建筑和市政基础设施工程在施工过程中，容易导致人员群死群伤或者造成重大经济损失的分部分项工程的前期保障、专项施工方案、现场安全管理及监督管理明确了具体要求。

（1）施工单位应当在施工现场显著位置公告危大工程名称、施工时间和具体责任人员，并在危险区域设置安全警示标志。

（2）专项施工方案实施前，编制人员或者项目技术负责人应当向施工现场管理人员进行方案交底。

施工现场管理人员应当向作业人员进行安全技术交底，并由双方和项目专职安全生产管理人员共同签字确认。

（3）施工单位应当对危大工程施工作业人员进行登记，项目负责人应当在施工现场履职。

项目专职安全生产管理人员应当对专项施工方案实施情况进行现场监督，对未按照专项施工方案施工的，应当要求立即整改，并及时报告项目负责人，项目负责人应当及时组织限期整改。

施工单位应当按照规定对危大工程进行施工监测和安全巡视，发现危及人身安全的紧急情况，应当立即组织作业人员撤离危险区域。

（4）危大工程发生险情或者事故时，施工单位应当立即采取应急处置措施，并报告工程所在地住房城乡建设主管部门。建设、勘察、设计、监理等单位应当配合施工单位开展应急抢险工作。

第四章 建筑施工安全防护基本知识

第一节 个人安全防护用品的使用

1. 安全帽

安全帽是对人的头部受坠落物及其他特定因素引起的伤害起防护作用的防护用品。由帽壳、帽衬、下颌带和帽箍等组成。

施工现场工人必须佩戴安全帽。

（1）安全帽的作用

主要是为了保护头部不受到伤害，并在出现以下几种情况时保护人的头部不受伤害或降低头部受伤害的程度。

1）飞来或坠落下来的物体击向头部时；

2）当作业人员从 2m 及以上的高处坠落下来时；

3）当头部有可能触电时；

4）在低矮的部位行走或作业，头部有可能碰到尖锐、坚硬的物体时。

（2）安全帽佩戴注意事项

安全帽的佩戴要符合标准，使用应符合规定。佩戴时要注意下列事项：

1）戴安全帽前应将调整带按自己头型调整到适合的位置，然后将帽内弹性带系牢。缓冲衬垫的松紧由带子调节，人的头顶和帽体内顶部的空间垂直距离一般在 25～50mm 之间，这样才能保证当遭受到冲击时，帽体有足够的空间可供缓冲，平时也有利于头和帽体间的通风。

2）不要把安全帽歪戴，也不要把帽檐戴在脑后方，否则，会降低安全帽对于冲击的防护作用。

3）为充分发挥保护力，安全帽佩戴时必须按头围的大小调整帽箍并系紧下颏带。

4）安全帽体顶部除了在帽体内部安装了帽衬外，有的还开了小孔通风。但在使用时不要为了透气而随便再行开孔，因为这样会降低帽体的强度。

5）安全帽要定期检查。检查有没有龟裂、下凹、裂痕和磨损等情况，发现异常现象要立即更换，不准再继续使用。任何受过重击、有裂痕的安全帽，不论有无损坏现象，均应报废。

6）在现场室内作业也要戴安全帽，特别是在室内带电作业时，更要认真戴好安全帽，因为安全帽不但可以防碰撞，而且还能起到绝缘作用。

7）平时使用安全帽时应保持整洁，不能接触火源，不要任意涂刷油漆，不准当凳子坐。如果丢失或损坏，必须立即补发或更换，无安全帽一律不准进入施工现场。

2. 安全带

安全带是用于防止高处作业人员发生坠落或发生坠落后将作业人员安全悬挂的个体防护装备，主要由安全绳、缓冲器、主带、辅带等部件组成。

为了防止作业者在某个高度和位置上可能出现的坠落，作业者在登高和高处作业时，必须系挂好安全带。安全带的使用和维护有以下几点要求：

（1）高处作业施工前，应对作业人员进行安全技术教育及交底，并应配备相应防护用品。作业人员应从思想上重视安全带的作用，作业前必须按规定要求系好安全带。

（2）安全带在使用前要检查各部位是否完好无损，所有零部件应顺滑，无材料或制造缺陷，无尖角或锋利边缘。

（3）挂点强度应满足安全带的负荷要求，挂点不是安全带的组成部分，但同安全带的使用密切相关。高处作业如无固定挂点，应采用适当强度的钢丝绳或采取其他方法悬挂。禁止挂在移动或带尖税棱角或不牢固的物件上。

（4）高挂低用。将安全带挂在高处，人在下面工作就叫高挂低用。它可以使坠落发生时的实际冲击距离减小。与之相反的是低挂高用。因为当坠落发生时，实际冲击的距离会加大，人和绳都要受到较大的冲击负荷。所以安全带必须高挂低用，严禁低挂高用。

（5）安全带保护套要保持完好，以防绳被磨损。若发现保护套损坏或脱落，必须加上新套后再使用。

（6）安全带严禁擅自接长使用。如果使用 3m 及以上的长绳时必须要加缓冲器，各部件不得任意拆除。

（7）安全带在使用后，要注意维护和保管。要经常检查安全带缝制部分和挂钩部分，必须详细检查捻线是否发生裂断和残损等。

（8）安全带不使用时要妥善保管，不可接触高温、明火、强酸、强碱或尖锐物体，不要存放在潮湿的仓库中保管。

（9）安全带在使用两年后应抽验一次，频繁使用应经常进行外观检查，发现异常必须立即更换。定期或抽样试验用过的安全带，不准再继续使用。

3. 防护服

建筑施工现场作业人员应穿着工作服。焊工的工作服一般为白色，其他工种的工作服没有颜色的限制。

（1）防护服的分类

建筑施工现场的防护服主要有以下几类：

1）全身防护型工作服；

2）防毒工作服；

3）耐酸工作服；

4）耐火工作服；

5）隔热工作服；

6）通气冷却工作服；

7）通水冷却工作服；

8）防射线工作服；

9）劳动防护雨衣；

10）普通工作服。

（2）防护服的穿着

施工现场对作业人员防护服的穿着要求主要有：

1）作业人员作业时必须穿着工作服；

2）操作转动机械时，袖口必须扎紧；

3）从事特殊作业的人员必须穿着特殊作业防护服；

4）焊工工作服应是白色帆布制作。

4. 防护鞋

防护鞋的种类比较多，应根据作业场所和内容的不同选择使用。电力建设施工现场上常用的有绝缘鞋（靴）、焊接防护鞋、耐酸碱橡胶靴及皮安全鞋等。

对绝缘鞋（靴）的要求有：

（1）必须在规定的电压范围内使用；

（2）绝缘鞋（靴）胶料部分无破损，且每半年作一次预防性试验；

（3）在浸水、油、酸、碱等条件上不得作为辅助安全用具使用。

5. 防护手套

使用防护手套时，必须对工件、设备及作业情况进行分析之后，选择适当材料制作、操作方便的手套，方能起到保护作用。施工现场上常用的防护手套有下列几种：

（1）劳动保护手套。具有保护手和手臂的功能，作业人员工作时一般都使用这类手套。

（2）带电作业用绝缘手套。要根据电压选择适当的手套，检查表面有无裂痕、发黏、发脆等缺陷，如有异常禁止使用。

（3）耐酸、耐碱手套。主要用于接触酸和碱时戴的手套。

（4）橡胶耐油手套。主要用于接触矿物油、植物油及脂肪簇的各种溶剂作业时戴的手套。

（5）焊工手套。电、火焊工作业时戴的防护手套，应检查皮革或帆布表面有无僵硬、薄挡、洞眼等残缺现象，如有缺陷，不准使用。手套要有足够的长度，手腕部不能裸露在外边。

第二节　安全色与安全标志

安全色和安全标志是国家规定的两个传递安全信息的标准。尽管安全色和安全标志是一种消极的、被动的、防御性的安全警告装置，并不能消除、控制危险，不能取代其他防范安全生产事故的各种措施，但它们形象而醒目地向人们提供了禁止、警告、指令、提示等安全信息，对于预防安全生产事故的发生具有重要作用。

1. 安全色的概念

安全色，就是传递安全信息含义的颜色，包括红、蓝、黄、绿四种颜色。对比色，是使安全色更加醒目的反衬色，包括黑、白两种颜色。对比色要与安全色同时使用。

安全色适用于工业企业、交通运输、建筑、消防、仓库、医院及剧场等公共场所使用的信号和标志的表面色，不适用于灯光信号、航海、内河航运以及其他目的而使用的颜色。

2. 安全色的含义

安全色的红、蓝、黄、绿四种颜色，分别代表不同的含义。

（1）红色。表示禁止、停止、危险以及消防设备的意思。凡是禁止、停止、消防和有危险的器件或环境均应涂以红色的标记作为警示的信号。

（2）蓝色。表示指令，要求人们必须遵守的规定。

（3）黄色。表示提醒人们注意。凡是警告人们注意的器件、设备及环境都应以黄色表示。

（4）绿色。表示给人们提供允许、安全的信息。

（5）对比色与安全色同时使用。

（6）安全色与对比色的相间条纹：

红色与白色相间条纹——表示禁止人们进入危险环境。

黄色与黑色相间条纹——表示提示人们特别注意的意思。

蓝色和白色相间条纹——表示必须遵守规定的意思。

绿色和白色相间条纹——与提示标志牌同时使用，更为醒目地提示人们。

3. 安全色的使用

安全色的使用范围很广，可以使用在安全标志上，也可以直接使用在机械设备上；可以在室内使用，也可以在户外使用。如红色的，各种禁止标志；黄色的，各种警告标志；蓝色的，各种指令标志；绿色的，各种提示标志等。

安全色有规定的颜色范围，超出范围就不符合安全色的要求。颜色范围所规定的安全色是最不容易互相混淆的颜色。对比色是为了使安全色更加醒目而采用的反衬色，它的作用是提高物体颜色的对比度。

4. 安全标志的概念

安全标志是用以表达特定安全信息的标志，由图形符号、安全色、几何图形（边框）或文字构成。

安全标志适用于工矿企业、建筑工地、厂内运输和其他有必要提醒人们注意安全的场所。使用安全标志，能够引起人们对不安全因素的注意，从而达到预防事故、保证安全的目的。但是，安全标志的使用只是起到提示、提醒的作用，它不能代替安全操作规程，也不能代替其他的安全防护措施。

5. 安全标志的种类

安全标志分禁止标志、警告标志、指令标志和提示标志四大类型。

（1）禁止标志。禁止标志的含义是禁止人们不安全行为的图形标志。其基本形式是带斜杠的圆边框，采用红色作为安全色。

（2）警告标志。警告标志的基本含义是提醒人们对周围环境引起注意，以避免可能发生危险的图形标志。其基本形式是正三角形边框，采用黄色作为安全色。

（3）指令标志。指令标志的含义是强制人们必须做出某种动作或采用防范措施的图形标志。其基本形式是圆形边框，采用蓝色作为安全色。

（4）提示标志。提示标志的含义是向人们提供某种信息（如标明安全设施或场所等）的图形标志。其基本形式是正方形边框，采用绿色作为安全色。

第三节　高处作业安全知识

1. 高处作业的基本概念

凡在坠落高度基准面 2m 及以上，有可能坠落的高处进行的作业，均称为高处作业。

2. 建筑施工高处作业常见形式及安全措施

（1）临边作业

临边作业是指在工作面边沿无围护或围护设施高度低于800mm 的高处作业，包括楼板边、楼梯段边、屋面边、阳台边、各类坑、沟、槽等边沿的高处作业。

1）进行临边作业时，应在临空一侧设置防护栏杆，并应采用密目式安全立网或工具式栏板封闭。

2）分层施工的楼梯口、楼梯平台和梯段边，应安装防护栏杆；外设楼梯口、楼梯平台和梯段边还应采用密目式安全立网封闭。

3）建筑物外围边沿处，应采用密目式安全立网进行全封闭，有外脚手架的工程，密目式安全立网应设置。

在脚手架外侧立杆上，并与脚手杆紧密连接；没有外脚手架的工程，应采用密目式安全立网将临边全封闭。

4）施工升降机、龙门架和井架物料提升机等各类垂直运输设备设施与建筑物间设置的通道平台两侧边，应设置防护栏杆、挡脚板，并应采用密目式安全立网或工具式栏板封闭。

5）各类垂直运输接料平台口应设置高度不低于 1.80m 的楼层防护门，并应设置防外开装置；多笼井架物料提升机通道中间，应分别设置隔离设施。

（2）洞口作业

洞口作业是指在地面、楼面、屋面和墙面等有可能使人和物料坠落，其坠落高度大于或等于 2m 的洞口处的高处作业。

在洞口作业时，应采取防坠落措施，并应符合下列规定：

1）当垂直洞口短边边长小于 500mm 时，应采取封堵措施；当垂直洞口短边边长大于或等于 500mm 时，应在临空一侧设置高度不小于 1.2m 的防护栏杆，并应采用密目式安全立网或工具式栏板封闭，设置挡脚板。

2）当非垂直洞口短边尺寸为 25～500mm 时，应采用承载力满足使用要求的盖板覆盖，盖板四周搁置应均衡，且应防止盖板移位。

3）当非垂直洞口短边边长为 500～1500mm 时，应采用专项设计盖板覆盖，并应采取固定措施。

4）当非垂直洞口短边长大于或等于 1500mm 时，应在洞口作业侧设置高度不小于 1.2m 的防护栏杆，并应采用密目式安全立网或工具式栏板封闭；洞口应采用安全平网封闭；

5）电梯井口应设置防护门，其高度不应小于 1.5m，防护门底端距地面高度不应大于 50mm，并应设置挡脚板。

6）在进入电梯安装施工工序之前，井道内应每隔 10m 且不大于 2 层加设一道水平安全网。电梯井内的施工层上部，应设置隔离防护设施；

7）施工现场通道附近的洞口、坑、沟、槽、高处临边等危险作业处，除应悬挂安全警示标志外，夜间应设灯光警示；

8）边长不大于 500mm 洞口所加盖板，应能承受不小于 $1.1kN/m^2$ 的荷载；

9）墙面等处落地的竖向洞口、窗台高度低于 800mm 的竖向洞口及框架结构在浇筑完混凝土没有砌筑墙体时的洞口，应按临边防护要求设置防护栏杆。

（3）攀登作业

攀登作业是指借助登高用具或登高设施进行的高处作业。攀登作业应注意以下事项：

1）攀登的用具，结构构造上必须牢固可靠。

2）梯子底部应坚实，并有防滑措施，不得垫高使用，梯子的上端应有固定措施。

3）单梯不得垫高使用，使用时应与水平面成 75°夹角，踏步不得缺失，其间距宜为 300mm。当梯子需接长使用时，应有可靠的连接措施，接头不得超过 1 处。连接后梯梁的强度，不应低于单梯梯梁的强度。

4）固定式直爬梯应用金属材料制成。使用直爬梯进行攀登作业时，攀登高度以 5m 为宜，超过 8m 时，应设置梯间平台。

5）上下梯子时，必须面向梯子，且不得手持器物。

（4）交叉作业

交叉作业是指垂直空间贯通状态下，可能造成人员或物体坠落，并处于坠落半径范围内、上下左右不同层面的立体作业。交叉作业时应注意以下事项：

1）各工种进行上下立体交叉作业时，不得在同一垂直方向上操作。下层作业的位置，必须处于依上层高度确定的可能坠落的半径范围之外，不符合以上条件时，应设安全防护棚。

2）钢模板、脚手架拆除时，下方不得有人施工。

3）模板拆除后，临边堆放处离楼层边沿不应小于1m，堆放高度不得超过1m，楼层边口、通道口、脚手架边缘等处，严禁堆放任何物件。

4）结构施工自 2 层起，凡人员进出的通道口（包括井架、施工电梯的进出通道口），均应搭设双层防护棚。

5）在建建筑物旁或在塔机吊臂回转半径范围之内的主要通道，临时设施，钢筋、木工作业区等必须搭设双层防护棚。

第五章 施工现场消防基本知识

第一节 施工现场消防知识概述及
常用消防器材

1. 施工现场消防知识概述

我国消防工作实行预防为主、消防结合的方针。按照政府统一领导、部门依法监管、单位全面负责、公民积极参与的原则，实行消防安全责任制，建立健全社会化的消防工作网络。

建设工程施工现场的防火，必须遵循国家有关方针、政策，针对不同施工现场的火灾特点，立足自防自救，采取可靠防火措施，做到安全可靠、经济合理、方便适用。

燃烧的发生必须具备三个条件，即：可燃物、助燃物和着火源。因此，制止火灾发生的基本措施包括：

（1）控制可燃物，以难燃或不燃的材料代替易燃或可燃的。

（2）隔绝空气，使用易燃物质的生产应在密闭的设备中进行。

（3）消除着火源。

（4）阻止火势蔓延，在建筑物之间筑防火墙，设防火间距，防止火灾扩大。

2. 建筑施工现场消防器材的配置和使用

（1）在建工程及临时用房的下列场所应配置灭火器：

1）易燃易爆危险品存放及使用场所；

2）动火作业场所；

3）可燃材料存放、加工及使用场所；

4）厨房操作间、锅炉房、发电机房、变配电房、设备用房、办公用房、宿舍等临时用房；

5）其他具有火灾危险的场所。

（2）建筑施工现场常用灭火器及使用方法

1）泡沫灭火器。药剂：筒内装有碳酸氢钠、发沫剂、硫酸铝溶液。用途：适用于扑救油脂类、石油产品及一般固体初起的火灾；不适用于扑救忌水化学品和电气火灾。使用方法：手指堵住喷嘴，将筒体上下颠倒2次，打开开关，药剂即喷出。

2）干粉灭火器。药剂：钢筒内装有钾盐或钠盐粉，并备有盛装压缩气体的小钢瓶。用途：适用于扑救石油及其产品、可燃气体和电气设备初起的火灾。使用方法：提起筒，拔掉保险销环，干粉即可喷出。

3）二氧化碳灭火器。药剂：瓶内装有压缩或液态的二氧化碳。用途：主要适用于扑救贵重设备、档案资料、仪器仪表、600V以下的电器及油脂等火灾；禁止使用二氧化碳灭火器灭火的物品有，遇有燃烧物品中的锂、钠、钾、铯、锶、镁、铝粉等。使用方法：拔掉安全销，一手拿好喇叭筒对着火源，另一手压紧压把打开开关即可。

4）酸碱灭火器。用途：主要适用于扑救竹、木、棉、毛、草、纸等一般初起火灾，但对忌水的化学物品、电气、油类不宜用。

（3）消火栓、消防水带、消防水枪

消火栓按安装区域分有室内、室外消火栓两种；按安装位置分为地上式与地下式两种；按消防介质分有水消火栓和泡沫消火栓两种。消火栓应在任意时刻均处于工作状态。

1）消防水带应配相对口径的水带接口方能使用。水带接口装置于水带两端，用于水带与水带、消火栓或水枪之间的连接，以便进行输水或水和泡沫混合液，其接口为内扣式。

2）水枪是装在水带接口上，起射水作用的专用部件。各种水枪的接口形式均为内扣式。

3）消火栓的开关位置在其顶部，必须用专用扳手操作，其顶盖上有开关标志符。

使用时应先安好消防水带，之后打开消火栓上封盖把水带固定好，然后再打开消火栓。在使用消火栓灭火时，必须两人以上操作，当水带充满水后，一人拿枪，一人配合移动消防水带。

第二节 施工现场消防管理制度及相关规定

施工现场的消防安全由施工单位负责。实行施工总承包的，应由总承包单位负责。分包单位向总承包单位负责，并应服从总承包单位的管理，同时应承担国家法律、法规规定的消防责任和义务。施工现场建立消防管理制度，落实消防责任制和责任人员，建立义务消防队，定期对有关人员进行消防教育，落实消防措施。

1. 施工现场消防管理制度

（1）施工单位应编制施工现场灭火及应急疏散预案。灭火及应急疏散预案应包括下列主要内容：

1）应急灭火处置机构及各级人员应急处置职责；

2）报警、接警处置的程序和通信联络的方式；

3）扑救初起火灾的程序和措施；

4）应急疏散及救援的程序和措施。

（2）施工人员进场时，施工现场的消防安全管理人员应向施工人员进行消防安全教育和培训。消防安全教育和培训应包括下列内容：

1）施工现场消防安全管理制度、防火技术方案、灭火及应急疏散预案的主要内容；

2）施工现场临时消防设施的性能及使用、维护方法；

3）扑灭初起火灾及自救逃生的知识和技能；

4）报警、接警的程序和方法。

（3）施工作业前，施工现场的施工管理人员应向作业人员进行消防安全技术交底。消防安全技术交底应包括下列主要内容：

1）施工过程中可能发生火灾的部位或环节；

2）施工过程应采取的防火措施及应配备的临时消防设施；

3）初起火灾的扑救方法及注意事项；

4）逃生方法及路线。

（4）施工过程中，施工现场的消防安全负责人应定期组织消防安全管理人员对施工现场的消防安全进行检查。消防安全检查应包括下列主要内容：

1）可燃物及易燃易爆危险品的管理是否落实；

2）动火作业的防火措施是否落实；

3）用火、用电、用气是否存在违章操作，电、气焊及保温防水施工是否执行操作规程；

4）临时消防设施是否完好有效；

5）临时消防车道及临时疏散设施是否畅通。

2. 施工现场消防管理规定

（1）施工现场动火作业

1）动火作业应办理动火许可证，动火许可证的签发人收到动火申请后，应前往现场查验并确认动火作业的防火措施落实后，再签发动火许可证；

2）动火操作人员应具有相应资格；

3）焊接、切割、烘烤或加热等动火作业前，应对作业现场的可燃物进行清理；作业现场及其附近无法移走的可燃物应采用不燃材料覆盖或隔离；

4）施工作业安排时，宜将动火作业安排在使用可燃建筑材料施工作业之前进行，确需在可燃建筑材料施工作业之后进行动火作业的，应采取可靠的防火保护措施；

5）裸露的可燃材料上严禁直接进行动火作业；

6）焊接、切割、烘烤或加热等动火作业应配备灭火器材，并应设置动火监护人进行现场监护，每个动火作业点均应设置1个监护人；

7）五级（含五级）以上风力时，应停止焊接、切割等室外动火作业，确需动火作业时，应采取可靠的挡风措施；

8）动火作业后，应对现场进行检查，并应在确认无火灾危险后，动火操作人员再离开。

（2）施工现场用电

1）电气线路应具有相应的绝缘强度和机械强度，禁止使用绝缘老化或失去绝缘性能的电气线路，严禁在电气线路上悬挂物品。破损、烧焦的插座、插头应及时更换；

2）电气设备与可燃、易燃易爆和腐蚀性物品应保持一定的安全距离；

3）距配电盘2m范围内不得堆放可燃物，5m范围内不应设置可能产生较多易燃、易爆气体、粉尘的作业区；

4）可燃库房不应使用高热灯具，易燃易爆危险品库房内应使用防爆灯具；

5）电气设备不应超负荷运行或带故障使用。

（3）施工现场用气

1）储装气体罐瓶及其附件应合格、完好和有效；严禁使用减压器及其他附件缺损的氧气瓶，严禁使用乙炔专用减压器、回火防止器及其他附件缺损的乙炔瓶；

2）气瓶应保持直立状态，并采取防倾倒措施，乙炔瓶严禁横躺卧放；

3）严禁碰撞、敲打、抛掷、溜坡或滚动气瓶；

4）气瓶应远离火源，与火源的距离不应小于10m，并应采取避免高温和防止暴晒的措施；

5）气瓶应分类储存，库房内应通风良好；空瓶和实瓶同库存放时，应分开放置，两者间距不应小于1.5m；

6）瓶装气体使用前，应检查气瓶及气瓶附件的完好性，检查连接气路的气密性，并采取避免气体泄漏的措施，严禁使用已老化的橡皮气管；

7）氧气瓶与乙炔瓶的工作间距不应小于5m，气瓶与明火作业点的距离不应小于10m；

8）冬季使用气瓶，气瓶的瓶阀、减压阀等发生冻结时，严禁用火烘烤或用铁器敲击瓶阀，严禁猛拧减压器的调节螺栓；

9）氧气瓶内剩余气体的压力不应小于0.1MPa，气瓶用后应及时归库。

第六章 施工现场应急救援基本知识

第一节 生产安全事故应急
救援预案管理相关知识

1. 生产安全事故应急救援预案的概念

生产安全事故应急救援预案是为了有效预防和控制可能发生的事故，最大程度减少事故及其损害而预先制定的工作方案。它是事先采取的防范措施，将可能发生的等级事故损失和不利影响减少到最低的有效方法。

2. 建筑施工企业生产安全事故应急救援预案的管理

施工单位的应急救援预案应经专家评审或者论证后，由企业主要负责人签署发布。施工项目部的安全事故应急救援预案在编制完成后报施工企业审批。

建筑工程施工期间，施工单位应当将生产安全事故应急救援预案在施工现场显著位置公示，并组织开展本单位的应急救援预案培训交底活动，使有关人员了解应急救援预案的内容，熟悉应急救援职责、应急救援程序和岗位应急救援处置方案。

建筑施工单位应当制订本单位的应急预案演练计划，根据本单位的事故预防重点，每年至少组织一次综合应急预案演练或者专项应急预案演练，每半年至少组织一次现场处置方案演练。

第二节 现场急救基本知识

1. 施工现场应急救护要点

（1）对骨伤人员的救护

1）不能随便搬动伤者，以免不正确的搬动（或移动）给伤者带来二次伤害。例如凡是胸、腰椎骨折者，头、颈部外伤者，不能任意搬动，尤其不能屈曲。

2）在需要搬动时，用硬板固定受伤部位后方可搬动。

3）用担架搬运时，要使伤员头部向后，以便后面抬担架的人可以随时观察其伤情变化。

（2）对眼睛伤害人员的救护

1）眼有异物时，千万不要自行用力擦眼睛，应通过药水、泪水、清水冲洗，仍不能把异物冲掉时，才能扒开眼睑，仔细小心清除眼里异物，如仍无法清除异物或伤势较重时，应立即到医院治疗。

2）当化学物质（如砌筑用的石灰膏）进入眼内，立即用大量的清水冲洗。冲洗时要扒开眼睑，使水能直接冲洗眼睛，要反复冲洗，时间至少 15min 以上。在无人协助的情况下，可用一盆水，双眼浸入水中，用手分开眼睑，做睁眼、闭眼、转动并立即到医院做必要的检查和治疗。

（3）心肺复苏术

心肺复苏术，是在建筑工地现场对呼吸心跳骤停病人给予呼吸和循环支持所采取的急救，急救措施如下：

1）畅通气道：托起患者的下颌，使病人的头向后仰，如口中有异物，应先将异物排除。

2）口对口人工呼吸：握闭病人的鼻孔，深吸气后先连续快速向病人口内吹气 4 次，吹气频率以每分钟 2～16 次。如遇特殊情况（牙关紧闭或外伤），可采用口对鼻人工呼吸。

3）胸外心脏按压：双手放在病人胸骨的下 1/3 段（剑突上

两根指），有节奏地垂直向下按压胸骨干段，成人按压的深度为胸骨下陷 4～5cm 为宜。一般按压 15 次，吹气 2 次。

4）胸外心脏按压和口对口吹气需要交替进行。最好有两个人同时参加急救，其中一个人作口对口吹气。

（4）外伤常用止血方法

1）一般止血法：凡出血较少的伤口，可在清洗伤口后盖上一块消毒纱布，并用绷带或胶布固定即可。

2）指压止血法：可用干净的布（没有布可以用手）直接按压伤口，直到不出血为止。

3）加压包扎止血法：用纱布、棉花等垫放在伤口上，用较大的力进行包扎，并尽量抬高受伤部位。加压时力量也不可过大，或扎得过紧，以免引起受伤部位局部缺血造成坏死。

2. 建筑施工现场主要事故类型及救援常识

（1）触电事故及救援常识

1）发现有人触电时，不要直接用手去拖拉触电者，应首先迅速拉电闸断电，现场无电电闸时，使用木方等不导电的材料或用干衣服包严双手，将触电者拖离电源。

2）根据触电者的状况进行现场人工急救（如心肺复苏），并迅速向工地负责人报告或报警。

（2）火灾事故及救援常识

1）最早发现者应立即大声呼救，并根据情况立即采取正确方法灭火。当判断火势无法控制时，要迅速报警并向有关人员报告。

2）根据火灾的影响范围，迅速把无关人员疏散到指定的消防安全区。作业区发生火灾时，可采用建筑物内楼梯、外脚手架上下梯、离火灾现场较远的外施工电梯等疏散人员。不得使用离火灾现场较近的外施工电梯，严禁使用室内电梯疏散人员。

3）当火势无法控制时，要及时采取隔离火源措施，及时搬出附近的易燃易爆物以及贵重物品，防止火势蔓延到有易燃易爆物品或存放贵重物品的地点。当有可能发生气瓶爆炸或火势已无法控制且危及人员生命安全时，迅速将救火人员撤离到安全地方，等待专职消防队救援或采取其他必要措施。

4）火灾逃生自救知识原则

如果发现火势无法控制，应保持镇静，判断危险地点和安全地点，决定逃生方法和路线，尽快撤离危险地。

通过浓烟区逃生时，如无防毒面具等护具，可用湿毛巾等捂住口鼻，并尽可能贴近地面，以匍匐姿势快速前进，如有条件可向头部、身上浇冷水或用湿毛巾、湿棉被、湿毯子等将头、身裹好再冲出去。

（3）易燃易爆气体泄漏事故应急常识

1）最早发现者应立即大声呼救，并向有关人员报告或报警。根据情况立即采取正确方法施救，如尝试采取关闭阀门、堵漏洞等措施截断、控制泄漏，若无法控制，应迅速撤离。

2）在气体泄漏区内严禁使用手机、电话或启动电气设备，并禁止一切产生明火或火花的行为。

3）疏散无关人员，迅速远离危险区域，治安保卫人员要迅速建立禁区，严禁无关人员进入。同时停止附近的作业。

4）在未有安全保障措施的情况下，不要盲目行动，应等待公安消防队或其他专业救援队伍处理。

（4）发现坍塌预兆或坍塌事故应急常识

1）发现坍塌预兆时，发现者应立即大声呼唤，停止作业，迅速疏散人员撤离现场，并向项目部报告。待险情排除，并得到有关人员同意后，方可重新进入现场作业。

2）当事故发生后，发现者应立即大声呼救，同时向有关人员报告或报警。项目部根据情况立即采取措施组织抢救，同时向上级部门报告。

3）迅速判断事故发展状态和现场情况，采取正确应急控制措施，判断清楚被掩埋人员位置，立即组织人员全力挖掘抢救。

4）在救护过程中要防止二次坍塌伤人，必要时先对危险的地方采取一定的加固措施。

5）按照有关救护知识，立即救护抢救出来的伤员，在等待医生救治或送往医院抢救过程中，不要停止和放弃施救。

（5）有毒气体中毒事故应急常识

1）最早发现者应立即大声呼救，向有关人员报告或报警，如原因明确应立即采取正确方法施救，但决不可盲目救助。

2）迅速查明事故原因和判断事故发展状态，采取正确方法施救。如中毒事故必须先通风或戴好防毒面具方可救人；如缺氧，则要戴好有供氧的防毒面具才可救人。

3）救出伤员后按照有关救护知识，立即救护伤员，在等待医生救治或送往医院抢救过程中，不要停止和放弃施救，如采用人工呼吸，或输氧急救等。

4）现场不具备抢救条件时，立即向社会求救。

（6）高处坠落伤害急救常识

1）坠落在地的伤员，应初步检查伤情，不得随意搬动。

2）立即呼叫"120"急救医生前来救治。

3）采取初步急救措施：止血、包扎、固定。

4）注意固定颈部、胸腰部脊椎，搬运时保持动作一致平稳，避免伤员脊柱弯曲扭动加重伤情。

3. 施工现场报警注意事项

（1）按工地写出的报警电话，进行报警。

（2）报告事故类型。说明伤情（病情、火情、案情）等，以便救护人员事先做好急救的准备。如火灾报警时要尽量说明燃烧或爆炸物质、燃烧程度、人员伤亡、发生火灾楼层等情况。

（3）说明单位（或事故地）的电话或手机号码，以便救护车（消防车、警车）随时用电话通讯联系。

（4）可用几部电话或手机，由数人同时向有关救援单位报警求救，以便各种救援单位都能以最快的速度到达事故现场。

第二部分　专业基础知识

第七章　推土机的结构与工作原理

第一节　概　　述

1. 用途

推土机是一种在履带式拖拉机或轮胎式牵引车的前面安装推土装置及操纵机构的多用途自行式道路工程装备。它通常适用于运距在 150m 以内进行开挖、推运、回填土壤或其他物料作业。推土机还可用于完成牵引、松土、压实、清除树桩等作业。目前，常用的有 TY120A 型推土机、TY160 型推土机、TL180 型推土机、TY220 型推土机。

2. 分类

（1）按发动机的功率大小可分为小型、中型和大型

1）小型推土机：功率在 37kW 以下。

2）中型推土机：功率在 37～250kW 之间。

3）大型推土机：功率在 250kW 以上。

（2）按行走方式可分为履带式和轮胎式

推土机是以履带式或轮胎式拖拉机、牵引车等专用底盘为主机，配以悬挂式铲刀的工程机械。按主机的行走方式，可分为履带式推土机和轮胎式推土机两类。

1）履带式推土机：牵引力大，接地比压小，爬坡能力强，可适应松软潮湿的环境下施工，作业性能优越，是多用的机种；

2）轮式推土机：行驶速度快，机动性好，作业循环时间短，转移方便迅速，不损坏地面，特别适合在城市建设和道路维修工程中使用。

（3）按用途可分为普通型和专用型

1）普通型推土机：通用性好，可广泛用于各类土方工程保障，是目前使用较多的推土机。

2）专用型推土机：有浮体推土机、水陆两用推土机、深水推土机、湿地推土机、爆破推土机、低噪音推土机、军用高速推土机等。

（4）按推土板的安装形式可分为固定铲和活动铲。

（5）按传动方式可分为机械式、液力机械式、全液压式和电动式。

（6）按铲刀操纵方式分钢绳操纵式和液压操纵式。

3. 型号编制方法

我国定型生产的推土机型号编制按类、组、型分类原则编制，一般由类、组、型代号和主参数代号组成。如 TY160 是指履带式液压机械推土机发动机功率为 160 马力（160×0.735＝118kW）。

4. 主要性能参数

主要性能参数有：发动机额定功率、整机重量、外形尺寸、接地压力、爬坡能力、最小回转半径等。

5. 组成

推土机主要由动力装置、传动系统、行驶系统、转向系统、制动系统、工作装置及液压操纵系统、电气系统组成。

第二节 推土机的动力系统

1. 内燃机

推土机的动力装置多采用往复活塞式内燃机作为驱动力，早期采用过汽油机和天然气动力驱动，随着技术的发展，目前一般采用柴油机作为动力。

（1）内燃机型号编制规则

为了便于识别内燃机的机型、规格和结构特点，国家制订了相关的内燃机产品名称和型号编制规则。内燃机名称按其所采用的燃料名称命名。如：柴油机、汽油机、天然气机等。内燃机编号反映内燃机的主要结构特征及性能。如：6135Z型柴油机表示6缸、四冲程、缸径135mm、水冷、增压。12V135ZG柴油机表示12缸、V型、四冲程、缸径135mm、水冷、增压、工程机械用。

（2）常用术语，如图7-1所示

上止点：活塞顶部距离曲轴中心线最远位置。

下止点：活塞顶部距离曲轴中心线最近位置。

冲程：活塞在上下止点间运动的过程。

活塞行程：上下止点间的距离。对于气缸中心线通过曲轴中心的发动机，其活塞行程等于曲柄半径的两倍。

气缸工作容积：在1只气缸内，活塞从上止点到下止点所让出的气缸容积。

内燃机工作容积：内燃机全部气缸工作容积之和，也称为排量。

燃烧室容积：当活塞位于上止点时，活塞上方的空间称燃烧室，其容积称为燃烧室容积。

气缸总容积：当活塞位于下止点时，活塞顶上方的全部容积。气缸总容积等于气缸工作容积与燃烧室容积之和。

压缩比：气缸总容积与燃烧室容积之比称为压缩比。压缩比

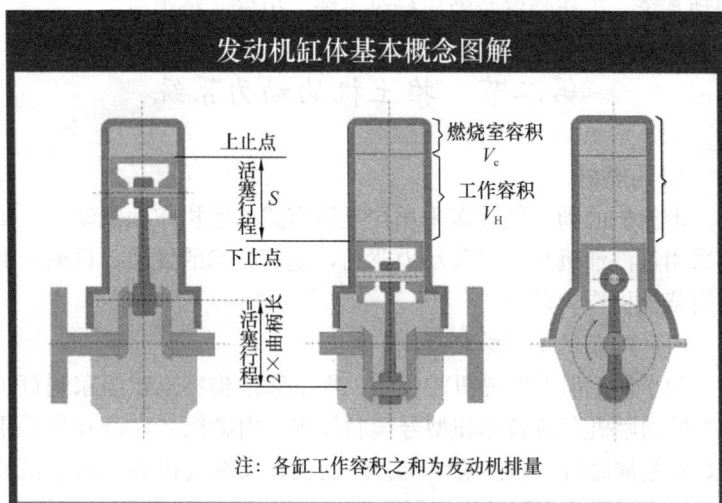

图 7-1　内燃机常用术语

表示气缸内的气体被压缩后，其容积缩小的程度。柴油机的压缩比一般为 16～22。

内燃机的工作循环：在内燃机的工作中，将燃料燃烧发出的热能不断地转化为机械能，这种连续过程叫作内燃机的工作循环。内燃机的每一工作循环，分进气、压缩、做功、排气四个过程。如图 7-2 所示。

（3）发动机工作原理

发动机是一种能量转换机构，它将燃料燃烧产生的热能转变成机械能。要完成这个能量转换，必须经过进气、压缩、做功、排气四个过程，即把可燃混合气（或新鲜空气）引入气缸，压缩可燃混合气（或新鲜空气），至接近终点时点燃可燃混合气（或将柴油高压喷入气缸内形成可燃混合气并引燃），着火燃烧的可燃混合气受热膨胀推动活塞下行实现对外做功，最后排出燃烧后的废气。把完成一个工作循环，需要曲轴转两圈（720°），活塞上下往复运动四次的发动机称为四冲程发动机，如图 7-3 所示。

吸入　　　　　压缩　　　　　做功　　　　　排气
(a)

(b)

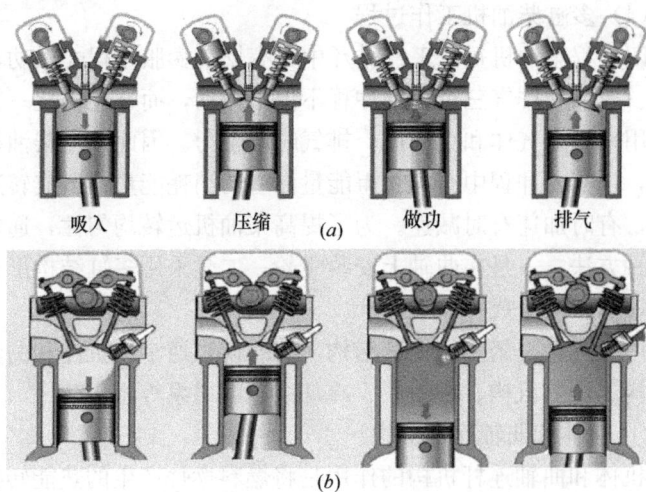

图 7-2　内燃机的工作循环

(a) DOHC 双顶置凸轮轴；(b) SOHC 单顶置凸轮轴

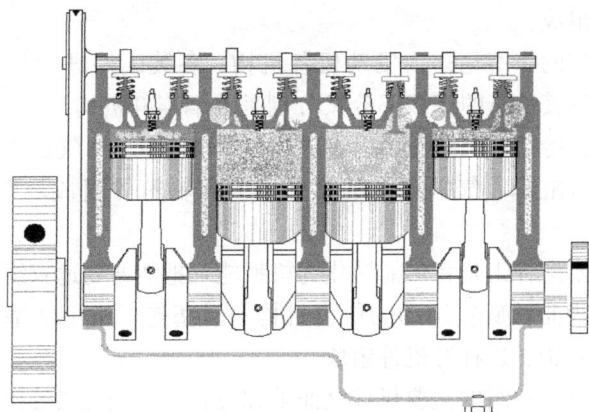

图 7-3　发动机工作原理

柴油机与汽油机的最大区别是汽油机的着火方式为点燃式，因此需要点火系，而柴油机的着火方式为压燃式，不需要点火系。

（4）多缸柴油机工作过程

四冲程柴油机每个工作循环中只有燃烧膨胀冲程才做功，而进气、压缩和排气三个辅助冲程不但不做功，而且还消耗一部分功，用来压缩气体和克服进、排气时的阻力。因此，在柴油机运行时，由于各冲程中有的获得能量而有的消耗能量，造成转速不均匀，有时加速有时减速。为了提高柴油机运转均匀性，通常采用两种方法：一是在曲轴上安装飞轮；二是采用多缸结构形式。

（5）结构组成

内燃机种类繁多，但其结构大体相同，通常由机体和曲轴连杆机构、配气机构、燃料系、冷却系、润滑系等组成。

① 机体和曲轴连杆机构

机体和曲轴连杆机构的作用是将燃料燃烧产生的热能转换为推动活塞做直线运动的机械能，把活塞往复运动转变为曲轴旋转运动，并向外输出动力。

机体和曲轴连杆机构主要由机体、活塞连杆组和曲轴飞轮组三部分组成。

机体的作用是作为发动机各机构、各装配件进行装配的基体，而且其本身的许多部分又分别是曲柄连杆机构、配气机构、供给系、冷却系和润滑系的组成部分。机体主要由气缸体与上曲轴箱、气缸套、气缸盖、气缸垫、下曲轴箱等组成，如图 7-4 所示。

活塞连杆组是将热能转化为机械能，把活塞高速直线往复运动转变为曲轴旋转运动的传力机构。活塞连杆组由活塞、活塞环、活塞销、连杆等机件组成。

曲轴飞轮组的主要机件是曲轴和飞轮。曲轴是柴油机的主要零件之一。其作用是将连杆传来的力变为旋转的扭矩输出，同时还要通过连杆推动活塞，完成进气、压缩和排气工作，并驱动配气机构和其他辅助装置工作。飞轮用来储存做功冲程的部分能量，克服辅助冲程阻力，保持曲轴转速均匀，向外输出动力。

在曲轴上还装有驱动配气机构的正时齿轮和驱动风扇、水泵

图 7-4 柴油机机体

等机件的皮带轮，飞轮上通常刻有第一缸喷油正时记号，以便校正喷油时间。下曲轴箱又称油底壳或机油盘，用于盛机油并保护曲轴等机件不被灰尘污染。

② 配气机构

配气机构的作用是按照内燃机各缸工作冲程的要求，定时开启和关闭进、排气门。进气门开启使新鲜空气进入气缸，排气门开启使燃烧后的废气排出气缸，气缸的关闭使气缸密封，如图7-5 所示。

配气机构由气门组和传动组组成。气门组由气门、气门座、气门导管、气门弹簧、弹簧座和锁片等零件组成。传动组主要包括凸轮轴、正时齿轮、推杆、挺杆、摇臂和摇臂轴及其支架等零件。

③ 燃油供给系统

柴油机燃油供给系统的作用是根据柴油机不同负荷的需要，定时、定量、定压地将清洁的雾化良好的柴油，按一定的喷油规律喷入燃烧室，与被压缩的高温高压空气混合，形成可燃混合气自行燃烧，并将燃烧后的废气排入大气中去。

燃油供给系统一般由进排气装置，供油装置两部分组成。进排气装置由空气滤清器、进排气管和消声器等组成。供油装置由

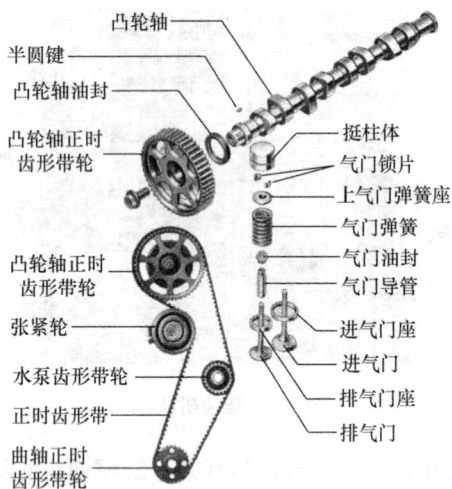

图 7-5　配气机构

低压油路和高压油路两部分组成。低压油路包括：柴油箱、柴油滤清器、输油泵、低压油管等。高压油路包括：喷油泵、喷油器、高压油管和调速器等。

输油泵的作用保证柴油在低压油路内循环，并供应足够数量及一定压力的柴油给喷油泵。

燃油滤清器的作用是柴油进入喷油泵之前，清除其中的杂质和水分，为保证喷油泵和喷油器的可靠工作并延长其使用寿命，燃料供给系都设有滤清器。

喷油泵的作用是根据柴油机的不同工况，定时、定量地向喷油器输送高压燃油。

调速器的作用就是根据柴油机负荷及转速变化对喷油泵的供油量进行自动调节，以保证柴油机能稳定运行，如图 7-6 所示。

④ 冷却系统

柴油机工作时，由于燃料的燃烧以及运动零件间的摩擦产生大量的热量，使零件受热而温度升高，特别是直接与高温气体接触的零件若不及时冷却则会造成机件卡死和烧损。因此，必须对

64

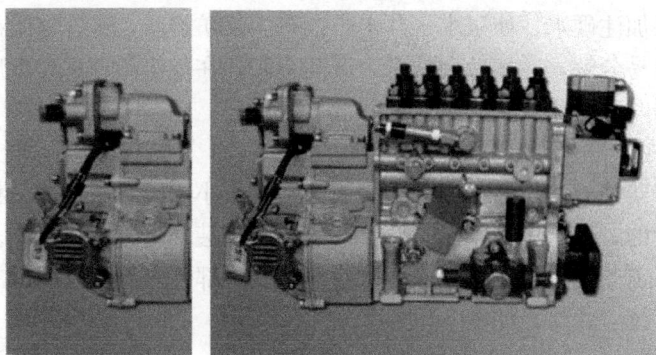

图 7-6　柴油机调速器

高温条件下工作的零部件进行冷却。

　　冷却系统的作用是保证柴油机在最适宜的温度（80～90℃）状态下连续工作。柴油机冷却系按所用冷却介质不同有水冷和风冷之分，冷却水路如图 7-7 所示。

冷却水路

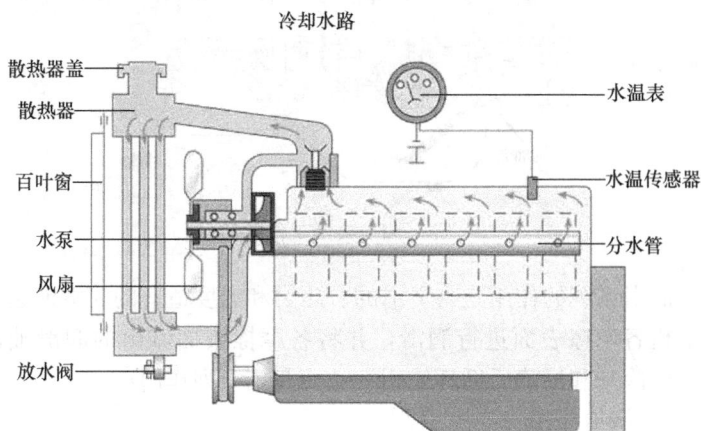

图 7-7　冷却水路

　　目前大部分内燃机都采用压流式冷却。压流式冷却系由百叶窗、散热器、风扇及皮带、水泵、节温器、水温表和水套等组成。冷却系统中应加注清洁的软水，如河水、雨水、自来水等。

65

如果加注硬水，如泉水、井水中含有大量矿物质，这些物质在高温时易分解，冷却后会从水中沉淀下来，在散热器和水套中形成水垢，甚至使水套生锈，降低散热效能。

⑤ 润滑系统

柴油机工作时，各零件表面都是以很小的间隙做高速、相对运动的，互相之间剧烈摩擦，产生高温，甚至烧毁机械零件。为了保证柴油机正常工作，必须对运动的零部件表面加以润滑。润滑系统工作路径如图 7-8 所示。

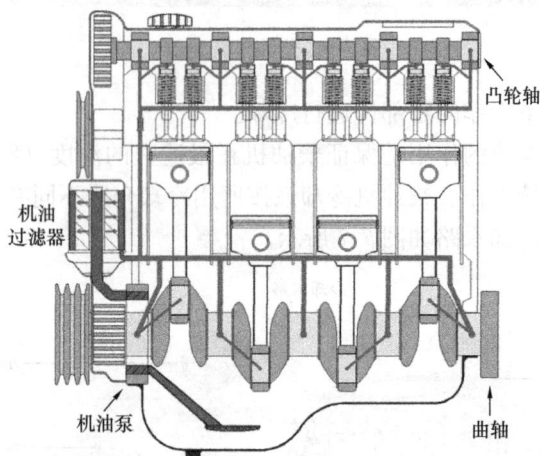

图 7-8　润滑系统工作路径

润滑系统的作用是将清洁的、压力和温度适宜的润滑油送至柴油机各摩擦表面进行润滑，并将各摩擦表面流出的润滑油回收，经冷却和滤清后循环使用，从而起到下列作用：

1）润滑作用

使零件的两个摩擦表面之间形成一定的油膜，减少磨损和功率损失。

2）冷却作用

润滑油在润滑各摩擦表面的同时，吸收各摩擦表面的热量，降低各摩擦表面温度。

3）清洁作用

润滑油在循环流动中，可清除摩擦表面的磨屑，并将其带走。

4）密封和防锈作用

附着于零件表面的油膜还可以提高零件的密封效果和防止氧化锈蚀。

柴油机工作时，由于各运动机件的工作条件和所承受的载荷和相对运动的速度不同，所要求的润滑强度也不相同，因而应采用相应的润滑方式。常见的润滑方式有压力润滑、飞溅润滑和定期加注润滑脂等。

曲轴轴承、连杆轴承、凸轮轴轴承及摇臂轴等均采用压力润滑。

气缸壁、配气机构的凸轮、挺杆等均采用飞溅润滑。

柴油机辅助系统中的水泵、发电机轴承等，由于载荷小，而且摩擦损失不大，只需定期加注润滑脂。

2. 柴油机新技术

现代先进的柴油机一般采用电控喷射、共轨、涡轮增压中冷等技术，在质量、噪声、烟度等方面已取得重大突破，达到了汽油机的水平。

（1）电控喷射

电控系统随着对施工机械施工质量与生产效率的要求不断提高，传统的机械传动以及机械液力式调节方式已不能满足施工机械用柴油机的要求。因此，根据使用工况自动控制喷油量及喷油时间的电子控制装置和能够高压喷射的组合蓄压式喷射装置等已在施工机械用柴油机上使用。

（2）新材料的开发与应用

随着施工机械用柴油机强化程度的不断提高，使轴承的脉动负载增大，要求轴承材料有更好的抗疲劳性、承载能力和耐磨性。奥地利 MIBA 公司研制的以铝锡合金为基体的 Al-Sn4.5Mg 减摩层，既有高耐磨性，又有良好的热稳定性，从而提高了高温工作时的抗疲劳性。该公司还采用阴极真空镀膜法在轴承工作表面镀上 Al-Sn20 的新工艺，使轴承兼有磨合性好、耐磨性好和抗疲劳性好的优点。试验结果表明，其可靠性和使用寿命均得到大幅度的提高。

第三节　推土机的传动系统

1. 工程机械传动系统是将动力按需要传给驱动轮和工作装置的一整套动力传递系统。其作用是：

（1）减速增扭

将发动机传至行驶装置的转速降低、扭矩增大是传动系的主要任务。如果将发动机的转速和扭矩直接传给驱动轮，机械将因驱动力过小而无法起步和行驶。为了解决这一矛盾，在传动系中设有减速装置如变速器、主传动装置、减速器或轮边减速器等，使发动机扭矩增加、转速降低以适应工程机械行驶和作业的需要。

（2）变速变扭

由于发动机扭矩和转速变化范围较小，难以满足工程机械复杂多变的工作状况，为此，在传动系统中设置变速器，有的机械还设有变矩器、变量泵和变量马达等液力液压元件，以改变传至驱动轮的转速和扭矩。

（3）结合或分离动力

机械在行驶或作业时，经常需要变速或停车，发动机启动时必须切断外界负荷。这就需要发动机与传动系统之间的动力能平稳结合和迅速分离。因此，在传动系统设有离合器或变矩器。

（4）改变动力的传递方向

工程机械上发动机的旋转方向是不能改变的，但工程机械在行驶和作业时，经常需要前进和后退，传动系统中的变速器除担负变速变扭以外，还可在发动机旋转方向不变的情况下，使机械前进或后退。

（5）转向以及减少转向时车轮的滑磨

为了保证转向灵活以及减少转向时车轮的滑磨，在履带机械传动系统内，一般都设有转向制动装置，轮式机械一般装有差速器，以满足机械转向时的要求。

2. 推土机的传动系统一般由液力变矩器、变速器、中央传动装置、转向离合器、转向制动器及最终传动装置组成。

（1）液力变矩器

液力变矩器在传递发动机动力时，可根据机器载荷的变化，利用液体自动实现扭矩变换。

（2）变速箱

变速器的主要作用是变速变扭，而变矩器同样具有变速变扭的功能，两种装置的主要区别有两个方面：一是变速器变速变扭是不连续的、有级的，每一个挡位对应着固定的传动比，而变矩器可在一定范围连续变化；二是变速器速度和扭矩是由操作人员选择控制的，而变矩器转速和扭矩则是随着负荷的变化自动进行的。

变速器的基本类型有三种，即机械式、液力式和电力式。目前，工程机械上普遍采用的是机械齿轮式变速器。

（3）中央传动

来自发动机的动力，通过变速箱后端输出轴上的小螺旋锥齿轮与大螺旋锥齿轮的啮合，传递给左、右转向离合器。

（4）最终传动装置

自圆锥齿轮轴和转向离合器来的驱动力，通过制动鼓传递至最终传动驱动盘的主动齿轮，带动从动齿轮最终传递到链轮上。最终传动采用直齿轮二级减速，飞溅润滑，浮动油封密封。

第四节　推土机的转向系统、制动系统和行驶系统

工程机械在行驶和作业中，经常需要改变其行驶方向，称之

为转向。其方法是，操作人员通过一套专设的机构，使工程机械行驶系统在地面上偏转一定角度来实现。这一套用来改变或恢复工程机械行驶方向的专设机构，称为工程机械转向系统。

转向系统的作用是，使工程机械在行驶中能按驾驶员的要求而适时地改变其行驶方向；并在受到路面传来的偶然冲击，而意外地偏离行驶方向时，能与行驶系统配合共同恢复原来的行驶方向，即保持其稳定地直线行驶。

1. 工程机械上制动系统作用

（1）根据需要强制使行驶中的机械减速或停车；

（2）保证机械在一定坡道上停车而不自动下滑；

（3）下长坡时维持机械行驶速度的稳定；

（4）操纵一侧制动器进行单边制动，以达到快速转向的目的。

2. 推土机的转向制动

推土机的转向制动通常是通过液压系统来实现的。其主要由转向泵、安全阀、转向控制阀、制动阀、制动助力器、转向离合器、滤油器、冷却器、旁通阀等组成。

当正常行驶，即不转向也不制动时，驾驶员没有拉动转向杆，也没有踩下制动踏板，此时转向离合器处于结合状态，制动器放松。动力经此传至推土机的最终传动，使机械正常直线行驶；当转向离合器内进入液压油时，离合器分离，切断自螺旋锥齿轮至最终传动的动力，而改变机械行驶方向。

3. 推土机的行驶系统

推土机的行驶系统主要由行驶装置、悬架装置和车架组成（图7-9），其作用是用来支持机体；将发动机传到驱动轮上的扭矩转变成机械行驶和作业所需的牵引力；缓和冲击，衰减车体振动。

（1）相对于轮胎式行驶系，履带式行驶系统的特点

1）支承面积大，接地比压小。

2）履带支承面上有履齿，不易打滑，牵引附着性能好，有

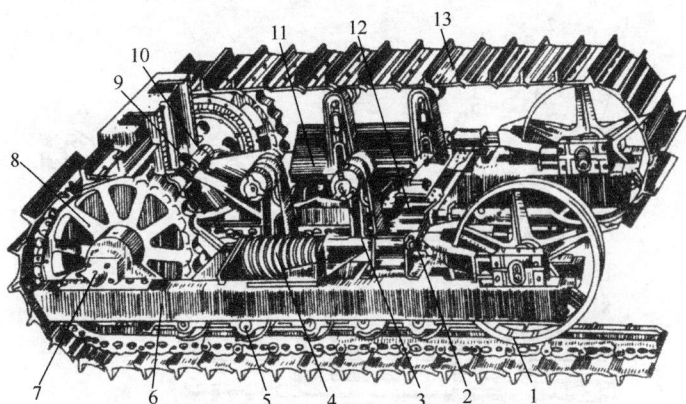

图 7-9　履带机械行驶系

1—引导轮；2—调整螺杆；3—托带轮；4—缓冲装置；5—支重轮；6—轮架
（台车架）；7—半轴端轴承；8—驱动轮；9—轴承；10—半轴；11—斜撑梁；
12—悬挂弹簧；13—履带

利于发挥较大牵引力。

3）结构复杂、笨重，运动惯性大，减振功能差，零件易损坏。因此，行驶速度不能太高，机动性能差。

（2）悬架装置

悬架装置是指轮架及其与车架之间的连接部分。悬架具有一定弹性，可以缓和机械行驶和作业时所产生的冲击和振动，保持机械平稳。

悬架有刚性悬架、半刚性悬架和弹性悬架三种。车架与轮架完全刚性连接的称为刚性悬架；车架上的部分重量经弹性元件而另一部分重量经刚性元件传给轮架的，称半刚性悬架；车架上的重量完全经弹性元件传给轮架的叫作弹性悬架。

悬架装置主要由轮架和平衡机构组成。

1）轮架

轮架（图 7-10）是行驶装置的骨架，其上装有托链轮、引导轮和缓冲装置，内侧焊有斜撑梁。

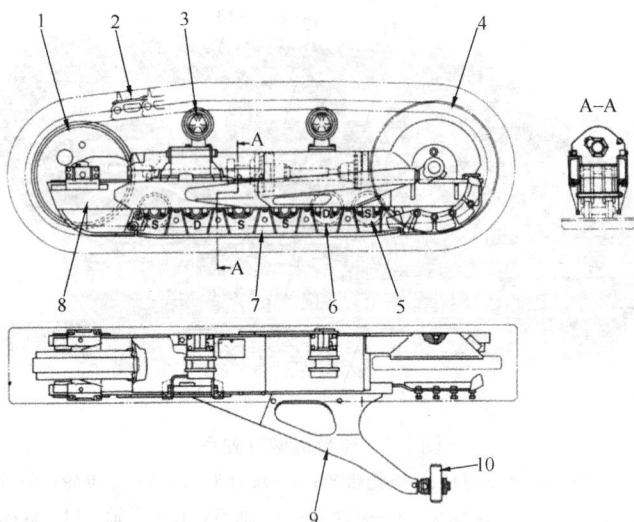

图 7-10　轮架的组成

1—引导轮；2—履带；3—拖链轮；4—链轮；5—支重轮（单边）；6—支
重轮（双边）；7—支重轮护板；8—轮架；9—斜撑；10—销轴

2）平衡机构

平衡机构有悬架弹簧式和胶块式两种。

悬架弹簧式主要由钢板弹簧叠加而成。载重汽车上应用比较广泛，工程机械较少采用。

胶块式平衡机构由一根横置的平衡梁、橡皮垫块和平衡枕座组成。

（3）行驶装置

行驶装置是由结构相同的两部分组成，分别装在机械两侧。它主要由支重轮、托链轮、引导轮、缓冲装置及履带等组成。

1）支重轮

支重轮的作用是支承机械的重量，并将重量分布在履带上；依靠其滚轮凸缘夹持链轨不使履带横向滑脱，保证机械沿履带运动。

72

支重轮分为单边支重轮和双边支重轮，前者只外侧有凸缘，而后者内、外侧都有凸缘。

2）托链轮

托链轮用来将履带上部托住，防止其过度下垂而产生跳动和可能发生的侧向摆动，避免履带侧向滑落。托链轮通过支架安装在轮架上，每侧两个。其内部结构与支重轮内部结构基本相同。

3）引导轮

引导轮安装在轮架前部的左右支承上，用以引导履带的运动方向。

4）缓冲装置

缓冲装置主要用于保持履带有一定的紧度，减小履带的下垂和运动时的跳动；同时当引导轮前遇有障碍物或履带中卡入石块等硬物而使履带过于张紧时，它能允许引导轮后移，以避免损坏机件。

缓冲装置有机械调整式和油压调整式两种。

5）履带

履带用来将整机重量传给地面，并接受驱动轮传来的扭矩，使推土机行驶。履带直接和土壤、砂石、泥土等接触，并承受地面不平所带来的冲击和局部负荷。履带通常由履带板、履带节、履带销和销套等组成。

履带板用螺栓固定在履带节上，在扭紧螺栓时，要有一定的预紧力，从而使履带板和履带节不易滑动和松动，减小螺栓被剪断的可能性。

（4）车架

车架是机械的骨架。它主要用于安装发动机、传动系统，并使它们成为一个整体。

第五节　推土机的工作装置及液压操纵系统

1. 工作装置

推土机的工作装置主要有角铲（或直倾铲）和松土器等。

（1）角铲

如图 7-11 所示，角铲是采用高强度钢板制作其弧形板的推土板，相当坚韧，足以承受重载作业。

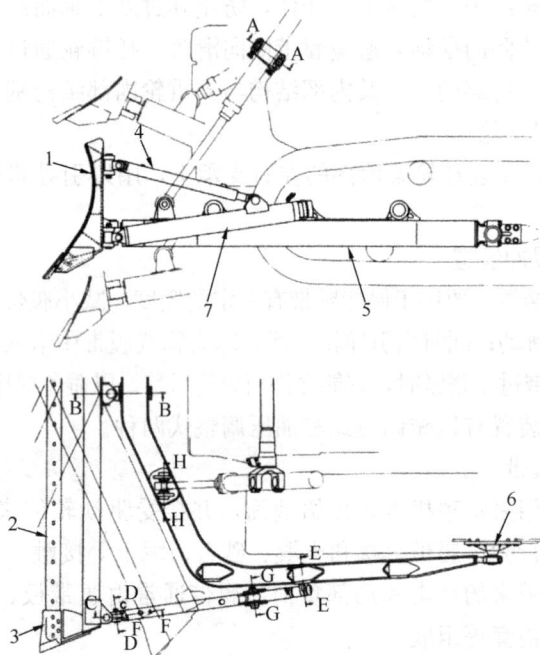

图 7-11　角铲

1—推土板；2—刀刃；3—刀角；4—上支撑；
5—拱形架；6—耳轴；7—下支撑

（2）直倾铲

如图 7-12 所示，推土机也可选择直倾铲。直倾铲采用高抗拉强度钢板制作其弧形板的推土板，相当坚韧，足以承受重载作业。

（3）三齿式松土器

根据土质坚硬程度，可拆去一个齿或两个齿，使松土器在双齿或单齿状态下工作。

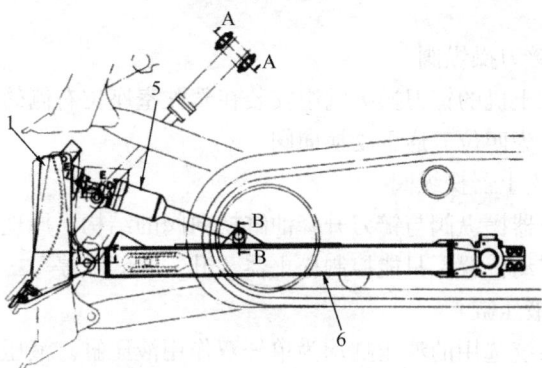

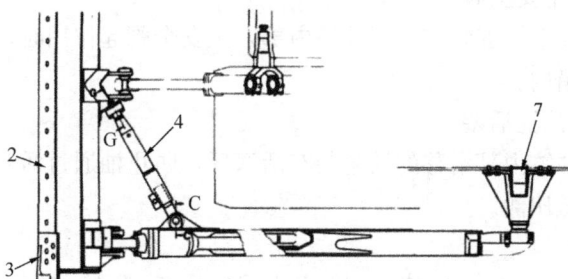

图 7-12　直倾铲

1—推土板；2—刀刃；3—刀角；4—支撑；5—倾斜缸（左侧），
撑臂（右侧）；6—左右支架焊合件；7—耳轴

2．液压操纵系统

（1）系统组成

该系统主要由油箱、滤油器、工作泵、安全阀、铲刀升降油缸换向阀、铲刀倾斜油缸换向阀、松土器油缸换向阀、流量控制阀、防"点头"单向阀、补油单向阀、松土器油缸过载阀、铲刀升降油缸、铲刀倾斜油缸、松土器油缸等组成。

（2）主要部件

1）液压泵

推土机的工作装置液压泵采用齿轮泵，该泵安装在分动箱右侧。

2）铲刀操纵阀

该推土机的铲刀操纵阀组安装在驾驶室座位右侧的工作油箱内壁上，为四位五通手动换向阀。

3）松土器操纵阀

松土器操纵阀与铲刀升降油缸换向阀的结构、原理相同，只是没有浮动位置，只能控制松土器"升""降""停"。

4）液压缸

该系统选用的液压缸均为单杆双作用液压缸。液压缸是把液体的动能转换为机械能的一种装置。

5）主安全阀

主安全阀安装在液压油箱内部，主安全阀起作用时，油直接排入油箱内。

6）油缸活塞

在油缸内部滑移的活塞装有活塞环，防止油通过活塞从高压侧流入低压侧。

第六节　推土机的电气系统

1. 作用

电气系统主要用于给全车各用电设备提供额定电压为 24V 的直流电源；自动给蓄电池充电；控制发动机的启动及关闭；控制整机各用电设备的工作状态；监测整机各系统的工作状况；给整机提供照明、信号及辅助装置；机电一体化实现各系统电控功能要求。

2. 组成

电气系统由电源系统、启动系统、照明与信号系统、电子监测仪表台、独立散热电控系统、刮水器与保护装置、全车线束等组成。电气系统额定电压 24V，单线制、负极搭铁，所有的电器设备均为并联连接。

3. 电源系统

电源系统由蓄电池、交流发电机、电源总开关、24V 外部启动电源等组成。

（1）蓄电池

电池在使用过程中，靠安装在发动机上的交流发电机对它进行经常性充电，充入电量由发电机内部电子调节器自动调节。

（2）交流发电机

交流发电机是本机电源系统的一个重要组成部分。当发动机工作后，它除向蓄电池进行补充充电外，还向各用电设备提供电源。蓄电池和发电机是一对并联的电源，共同向各负载提供电能。

（3）电源总开关

该开关是控制蓄电池电源与整车电器电路分合的总开关，由预热启动开关控制其接通或断开。

（4）24V 外部启动电源

该机配装有 24V 外部启动电源，可向外部提供 24V 直流启动电源。

4. 启动系统

启动系统由启动电机、启动继电器、预热启动开关、燃油泵电磁阀等组成。启动电路主要用于控制发动机的启动，同时也控制发动机的关闭。

（1）启动电机

启动电机是将电能转换成机械能、带动发动机曲轴旋转、帮助发动机启动的装置。

（2）启动继电器

在启动电机控制回路上配有启动继电器，安装在启动电机的附近。启动继电器用来接通或断开启动电机电磁开关线圈电路。

（3）预热启动开关（即启动及熄火钥匙开关）

电钥匙开关用作整机电源控制开关，发动机电启动开关，发动机电熄火开关，带防误启动功能。

当一次启动不成功需要第二次启动时，防误启动功能自动限制其不能进行再次启动，必须将钥匙左旋至 0 位时，再重新操作启动。

（4）燃油泵电磁阀

该燃油泵电磁阀用于控制发动机燃油油路的通断，位于发动机右侧中部位置。通电，燃油泵电磁阀打开发动机燃油油路；断电，燃油泵电磁阀断开发动机燃油油路。

5. 照明系统

推土机一般配有前照灯、后大灯、工作灯、后尾灯、顶灯、仪表内照明灯及标识符指示灯等。

第八章 推土机的道路驾驶与施工应用

第一节 推土机的操纵杆、仪表和
开关的识别与使用

推土机的各种操纵杆、仪表和开关的识别与使用见图 8-1～
图 8-3 和表 8-1。

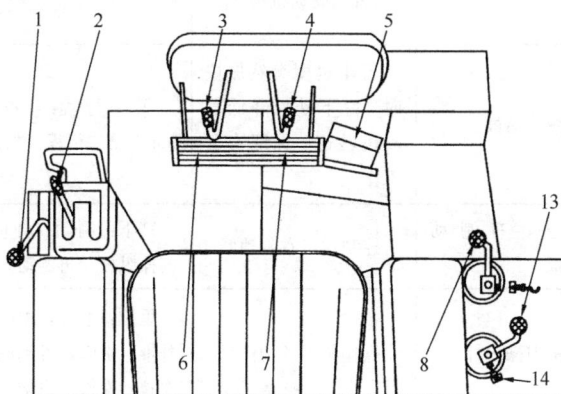

图 8-1 操纵杆安装位置

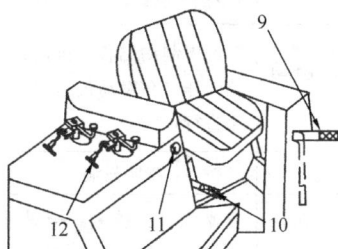

图 8-2 操纵杆安装位置

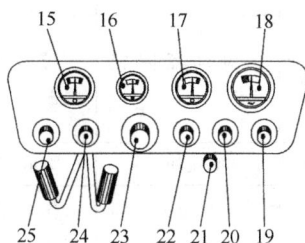

图 8-3 仪表盘

操纵杆、仪表和开关的名称、功用和使用方法　　表 8-1

图号	名称	功用	使用方法
1	油门操纵杆	控制发动机转速	前推：油门减小，后拉：油门加大
2	变速杆	控制推土机行驶速度、方向	F1、F2、F3：前进Ⅰ、Ⅱ、Ⅲ挡，R1、R2、R3：后退Ⅰ、Ⅱ、Ⅲ挡，N：空挡
3、4	左、右转向操纵杆	控制左、右转向离合器及左、右制动器（二者为联动机构）	后拉：向左（右）大转弯，拉到底：向左（右）小转弯
5	减速踏板	行车速度突然加快时，踩下踏板降低发动机转速，保证安全工作	第一行程：800～850r/min，第二行程：急速
6、7	左、右制动踏板	控制左、右制动器	踏下：制动（即应先拉转向操纵杆，再制动）
8	铲刀操纵杆	操作铲刀各动作	里拉：上升，中间：固定，外推：下降，推到底：浮动，左拉：左倾，右推：右倾
9	变速杆闭锁手柄	停车后闭锁，保证安全	停车前将变速杆推至 N（空挡）位置，然后闭锁
10	制动器闭锁手柄	停放时闭锁制动踏板	踩下制动踏板，再进行所需操作（在发动机运转状态下进行）
11	喇叭按钮	警示	按下：喇叭发响
12	铲刀操纵闭锁手柄	作业后闭锁，保证安全	操纵后：锁紧，操纵前：释放
13	松土器操纵杆	操作松土器各动作	前推：上升，后推：下降

图号	名称	功用	使用方法
14	松土器闭锁手柄	作业后闭锁，保证安全	—
15	发动机油压表	指示发动机机油压力	绿区：正常，红区：故障或应预温
16	发动机水温表	指示发动机水温情况	工作时：绿区：正常，红区：应降温或故障
17	变矩器油温表	指示变矩器油温情况	工作时：绿区：正常，红区：应降温或故障
18	电流表	指示蓄电池充放电情况	工作时：绿区：充电，红区：放电
19	顶灯开关	控制顶灯电路	
20	乙醚启动手柄	寒冷时启动发动机用	前后拉动，乙醚即喷入到发动机进气管内
21	风扇开关	控制风扇电路	
22	仪表灯、照明灯开关	供夜间行驶和作业时仪表照明	外拉：Ⅰ挡：仪表灯亮，Ⅱ挡：仪表灯、前后照明灯均亮
23	启动钥匙	控制启动电路接通或断开	断开（OFF）：切断，接通（ON）：接通，启动（START）：启动，预热（HEAT）：预热
24	灰尘指示器	指示空气滤清器过滤情况	灯亮：堵塞（应立即清理空气滤清器）
25	暖风开关	控制暖风机电路	
26	计时表	记录发动机的运转时间，作为定期保养的依据	位于发动机左侧

第二节　推土机的启动与熄火

1. 启动前的检查

推土机在启动前应对整机进行必要的检查，提前发现和排除存在的事故隐患，确保工作中机械保持良好的技术性能，提高机械使用寿命。其主要检查项目有：

（1）发动机燃油、润滑油和冷却水

1）燃油

首先拔出量油尺，用抹布擦拭干净，再放入油箱中；等待3～5s拔出斜向45°观察量油尺上的液面显示刻度。若低于60L，应及时进行添加。

2）润滑油俗称机油，位于发动机油底壳内，如果机油不足会造成发动机各部件润滑不良，磨损加剧，工作性能下降等严重后果。

先拔出量油尺，用抹布擦拭干净，再放入油底壳中；等待3～5s后拔出，观察量油尺上的液面显示刻度及机油质量。

量油尺上有三个高度，从上至下分别是静满、动满、险。如果液面高度低于动满应及时进行添加。如果低于险字刻度应禁止启动发动机，如果量油尺上的润滑油颜色过黑，或有一定的杂质，或黏度变稀时应更换润滑油。

3）冷却水

打开水箱盖，观察冷却水液面与散热器芯之间的距离，其冷却水的标准高度应高出散热器芯3～5cm为合适。

（2）油管、气管、水管、导线和各类接线是否连接固定可靠，其中重点要注意油管的连接情况

油管用于向发动机输出燃油，如果连接不可靠会造成供油不足工作性能下降，检查油管、水管、气管时主要采取"眼看、手摸、耳听"的方法，眼看就是观察各管路连接处是否有漏油，漏水的现象，手摸就是晃动各管路，看连接处是否有松动现象，耳

听就是听各气管是否有漏气声音，如果检查发现有不符合要求的应及时进行紧固。

（3）风扇皮带松紧度是否在规定的范围内

风扇皮带用于向风扇、发电机输送动力，过松会造成皮带打滑，机体散热不良，过紧则会加剧皮带磨损甚至使其断裂。

用拇指在皮带中央处以 $30\sim50N$ 的力，也就是大约 $3\sim5kg$ 的力正直下压皮带，正常垂度在 $10\sim20mm$ 之间，如果不在规定的范围内应及时进行调整。

（4）蓄电池极柱导线是否固定牢靠，电解液液面是否在规定的高度并保持蓄电池外部清洁

蓄电池俗称电瓶，检查时打开加液口盖，可以观察到蓄电池池内有极板，正常的电解液液面高度应高于极板 $10\sim12mm$，低于 $10mm$ 就要及时进行添加。蓄电池外部若有脏污，应及时擦拭干净，或用冷开水进行冲洗，确保外部清洁。

（5）各操纵杆是否灵活，连接是否可靠，注意置于规定位或空挡

1）调整座椅，使其达到操作者背靠椅背，脚能充分踏下制动踏板；

2）右制动踏板是否用制动锁紧手柄锁定；

3）变速手柄是否在 N（中立位置），是否用安全挡板锁定；

4）推土板降至地面，推土板操作手柄是否用安全杆锁定。

（6）液压油和各传动件的润滑油量是否足够，各管路、附件是否连接良好及牢固可靠

如果液压油不足会造成铲刀自动下降，工作效率降低。检查时观察液压油箱检测口，正常的液压油液面高度应高出检测口 2/3 刻度。

（7）各部件的连接螺钉、螺栓是否连接固定正确特别注意气缸盖、排气管、前后桥、传动轴、行驶装置等固定连接部位是否有松动现象。若有应及时进行紧固。

2. 启动

（1）将启动钥匙旋转到"启动"位置（START），启动发动机（启动时，观察发动机油压表指针是否摆动，能否建立起润滑油压）；

（2）启动后，钥匙应退至"接通"（ON）位置（自动退回）；钥匙停在"启动"（START）位置的连续时间，不要超过10s；启动失败后，再次启动约需间隔2min。

3. 启动后的检查

发动机启动后，不要立即进行操作，应遵守以下事项：

（1）使发动机低速空载运转，检查发动机油压表是否指到绿色的范围之内。

（2）向后拉油门操纵杆，使发动机进行约5min的无负载中速运转。

（3）待水温表指到绿色的范围内，进行负载运转。

（4）预热运转后，检查各仪表、指示灯是否正常。

（5）检查排气颜色是否正常，是否有异常声音和异常振动。

（6）检查是否有漏柴油、机油、水现象。

4. 熄火

在发动机进行5min左右低速空载运转后，再把启动钥匙旋回"断开"位置（OFF），发动机即停止。

每日工作结束时，需关闭手动燃油载流阀（如有的话）或油箱底部的燃油阀。

第三节　推土机的道路驾驶

1. 起步

（1）启动发动机后，向后拉油门操纵杆，提高发动机的转速；

（2）松开铲刀操纵杆的锁紧手柄，把铲刀升至地面40～50cm的高度；

（3）松开松土器操纵杆的锁紧手柄，把松土器提升到最高位置；

（4）踏下左右制动踏板的中间部位，把制动器闭锁手柄推到释放位置，然后放开制动踏板；

（5）把变速杆闭锁手柄推到释放位置；

（6）把变速杆推入所需的挡位，使推土机起步。

起步时，要踏下减速踏板，调整发动机的转速，以便缓和冲击。在陡坡上坡起步时，应使发动机全速运转，使制动踏板保持在踏下不动的状态，把变速杆推入Ⅰ挡，慢慢地松开制动踏板，使推土机缓缓起步。变速杆在没有脱开挡位时，这时由于安全阀的作用，即使启动发动机，推土机也不会起步；在这种情况下，应先把变速杆推入"空挡"（N），然后再进入所需的挡位，推土机才能起步。

2. 变速

把变速杆移向所需挡位，进行变速（由于能够在行走中变速，所以变速时，没有必要停车）。

3. 换向

进行前进、后退换向时，应踏下减速踏板，待减速后再进行换挡，以免产生冲击而损坏机械。

4. 转弯

在行走中把需要转弯侧的转向操纵杆向后拉至行程的一半时，转向离合器就分离，推土机缓缓地转弯。若把转向操纵杆拉到底，并使同侧的制动器制动，推土机就原地转弯。

在靠推土机自重下滑下坡或牵引铲运机下坡转弯时，应特别注意转向操纵杆拉到一半时，机身往相反方向转向。此时，转弯应后拉相反侧的转向操纵杆。因容易产生横向滑动，所以应尽可能避免在坡道上转弯。在软质地或黏土地应特别注意禁止转向，更不要原地高速转弯。

5. 停车

（1）向前推动油门操纵杆，使发动机转速降低；

（2）变速杆推到"空挡"（N）；

（3）从中间同时踩下左右制动踏板，使制动器制动之后，用制动器锁紧手柄锁紧；

（4）变速杆用闭锁手柄锁紧；

（5）把铲刀、松土器水平地放在地面上；

（6）推土铲、松土器操纵杆用闭锁手柄锁紧；

（7）熄火发动机，按发动机操作规定进行。

6. 上下平板车驾驶

履带式推土机在远距离输送时应采用平板拖车运输送方式。此时多采用自行装载的方式，即靠自身行驶开上平板车。

（1）装载

1）拖平车可靠制动，轮胎应用垫木止动。

2）将推土机的铲刀提升距地面 50cm 左右，调整行驶方向，使履带与跳板对正。

3）在装载指挥人员的引导下，推土机以低速驶上跳板，途中不得猛踩脚制动踏板，以防后滑；当推土机的重心到达跳板坡顶时，及时踩下脚制动踏板，使其前部轻轻下落，避免猛烈撞击拖平车。

4）推土机在平板上直行，尽量不要调整方向，以免碾坏平板；当推土机的重心垂直投影大体落在平板重心上时（即推土机的铲刀中心和牵引连接销均与平板纵中心线对正，推土机全长的对折线与平板的横向连接线对正时），立即停机，并挂空挡，踏下制动踏板，用制动器闭锁手柄锁闭制动踏板。最后降铲刀，熄火。

（2）卸载

1）按装载准备的要领，用三角木抵好车轮，并将拖平车的前后支腿和跳板降下。

2）拆除推土机履带前后的方木和两侧的固定绳索；启动发动机；按倒车操作方法，在指挥人员的引导下倒车，直至推土机开至地面。

第四节　推土机的基础作业

推土机在作业中，按铲土、运土、卸土和回程构成一个工作循环。而具体的作业方法，则因土壤性质、作业场地地形和作业方式的不同而相异。按作业方式的不同可分为：正铲作业、斜铲作业、侧铲作业和拖刀作业四种。

正铲作业，是铲刀平面角为 90°，纵向正面铲切土壤至前方卸土点的作业方法；多用于铲土和运土方向相同时的作业，如横向构筑挖深小于 1m 的挖土路基，或填高小于 1m 的填土路基、移挖作填路基及其他同向铲运土壤的作业。

斜铲（切土）作业，是铲刀平面角约为 75°，纵向行驶铲切铲刀前角土壤，并随铲刀斜面将土壤卸于铲刀后角一侧的作业方法；多用于铲土和运土方向有一定夹角时的作业，如构筑半挖半填路基、铲除积雪、加宽原有小路、在受染地域开辟通路、回填较长且宽度不大的壕沟等作业。

侧铲作业是铲刀倾斜角在 3°～5°（一侧铲刀角升高 100～300cm）时正铲或斜铲作业时的作业方法；主要用于构筑半挖半填路基，以及纵向开挖"V"形槽的作业。

拖刀作业，是铲刀浮动于地面且机械倒行的作业方法；用于路基或场地构筑最后阶段的平整作业。

此外，在特定条件下，推土机还可以进行顶推作业和拖载作业。顶推作业，是正铲铲刀在空中保持一定高度的作业方法；多用于顶推铲运机以助铲、推运直径不大的孤立块石、铲除树木及伐余根、推倒单薄且高度不大的地面建筑物的作业和实施机械互救。拖载作业，是带有拖平车的轮式推土机拖载重物的作业方法；多用于拖载转运履带式机械和钢材、木材及水泥等建筑材料。推土作业时的基本作业过程，如图 8-4 所示。

1. 铲土

铲土作业的要求是尽量在最短时间和最短距离内使铲刀铲满

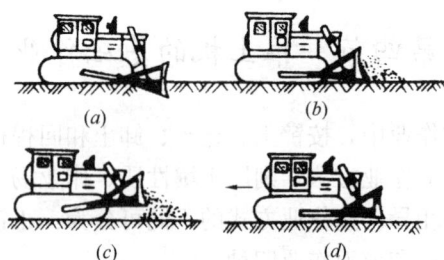

图 8-4　基本作业过程

(a) 铲土；(b) 运土；(c) 卸土；(d) 回程

土壤。

铲土时，一般用Ⅰ速前进（铲松土时开始也可以用Ⅱ速），将铲刀置于下降或浮动位置，随机械的前进铲刀入土逐渐加深。

（1）直线式铲土

直线式铲土是推土机在作业过程中，铲刀保持近似同一铲土深度，作业后的地段呈平直状态的铲土方法，又称等深式铲土。其铲土纵断面如图 8-5 所示。采用此种铲土方法作业，铲土路程较长，铲刀前不易堆满土壤，发动机功率不能被充分利用，作业效率较低，但能在各种土壤上有效作业；多用于作业的最后几个行程，以使作业后的地段平坦。

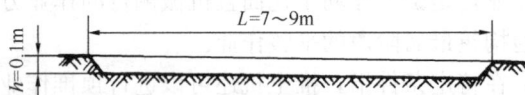

图 8-5　直线式铲土

（2）锯齿式铲土

锯齿式铲土是推土机以不断变化的深度铲土，铲土纵断面近似于锯齿状的铲土方法，又称起伏式或波浪式铲土（图 8-6）。采用这种铲土方法作业，开始时尽量使铲刀入土至最大深度，当发动机超负荷时，再逐渐升起铲刀至自然地面；待发动机运转正常后又下降铲刀进行铲土，经多次降落与提升，直至铲刀前积满

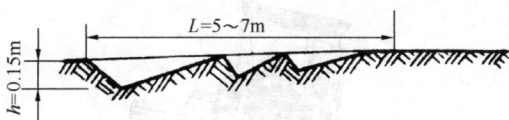

图 8-6　锯齿式铲土

土壤为止。锯齿式铲土适于在Ⅱ、Ⅲ级土壤上作业时使用。此种铲土方法，铲土距离较短，作业效率比直线式铲土高；但铲刀频繁的升降，会加重操纵及工作装置的磨损。

（3）楔式铲土

楔式铲土是铲土纵断面为三角形的铲土方法，又称三角形铲土（图 8-7）。采用这种铲土方法时，首先使铲刀迅速入土至最大深度，而后根据发动机负荷和铲刀前的积土情况，逐渐提升铲刀，使铲刀一次入土就能铲满土壤而转入运土。此种铲土方法，铲土路程最短，能充分发挥发动机功率，作业效率高；适于在稍潮湿的Ⅰ、Ⅱ级土壤上作业时使用。

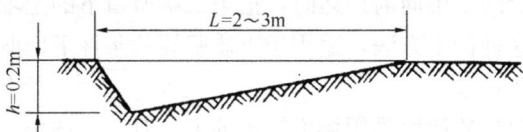

图 8-7　楔式铲土

（4）"V"形槽式铲土

"V"形槽式铲土是推土机铲土横断面为"V"形的铲土方法（图 8-8）。其作业全过程包括标定、加深和修整 3 个阶段。此种作业方法，机械的开挖方向与工程的构筑方向一致，机械倒行次数极少或不倒行，作业效率高；适于构筑不挖不填路基、开挖道路边沟或其他"V"形沟槽。

（5）接力式铲土

接力式铲土是分次铲土，叠堆运送的铲土方法。其铲土的次数依土壤的种别和铲土的厚度及铲土长度而定（图 8-9）。从靠

图 8-8 "V"形槽式铲土

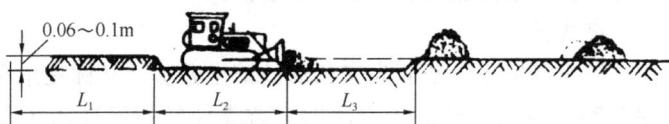

图 8-9 接力式铲土

近弃土处的一段开始铲土，第一次将土壤运至弃土处；第二次铲出的土壤不向前推送，而是暂且留在第一次铲土时的开挖段；第三次把所铲的土壤向前推运时，把第二次所留下的土堆一起推至弃土处。这种铲土方法，适用于土质坚硬的条件下作业，可明显地提高作业效率。

如在较长的地段采用接力铲土的方法时，可选用两台或 3 台推土机，从取土处距弃土处最远一端开始铲土，以流水作业方式进行，后一台推土机给前一台推上机铲土，而前一台推土机把土运至弃土处。

2. 运土

运土时，铲刀应置于浮动位置，以使铲刀能沿地面向前推运。在运土作业过程中要始终保持铲刀满载，并以较快的速度运送到卸土地段。此时，既要防止松散土壤从铲刀两侧流失过多，又不应经常利用铲土来使铲刀满载，以影响运土的行驶速度。

运土方式可分为：分段式运土、堑壕式运上和并列式运土。

（1）堑壕式运土

推土机在土垄或沟槽内移运土壤的方法，又称槽式运土，如

图 8-10 所示。土垄或沟槽是推土机每次运土都沿同一条路线行进而逐渐形成的。其内宽度略大于铲刀宽度，高度或深度小于铲刀的高度，长度一般为 30~50m。两条沟槽之间的土垄宽度，视土壤性质而定，以不坍塌为准。堑壕式运土的优点，是可减少运土过程中的土壤漏失，提高工效约 15%~20%；缺点是推土机回程不便。因此，在运距较长、沟槽较深的情况下作业时，推土机多从槽外回程。

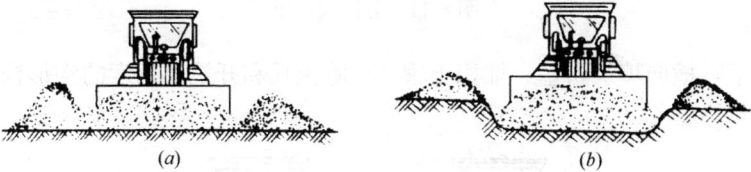

图 8-10　堑壕式运土
(a) 土垄移运；(b) 沟槽内移运

（2）分段式运土

推土机进行长运距作业时，将运土路线分成若干段，然后由前至后分批次铲掘、堆积，并集中推运土壤至卸土点的作业方式，又称多刀式运土，如图 8-11 所示。通常，推土机推运土壤前进 10~15m 时即开始漏失，随着运距和行驶速度的加大，漏失愈加严重。这种运土方式，是将长运距分成 20m 左右的数段，多次铲土并逐段实施运土，在未形成土壤大量漏失的情况下，就从取土点补充新土，因而，不仅可增加铲土次数，还可避免和减少土壤漏失量，充分发挥机械效能，使作业率提高 10%~15%。但是，分段不宜过多，否则会因增加阶段转换时间而降低工效。分段式运土，适用于运土路线需改变方向，或运距较大时使用；多用于填筑较高的路基和开挖路基缺口弃土的路堑。

（3）并列式运土

两部以上同一类型推土机，用同一速度并排向前运土的作业方法，又称并列式运土，如图 8-12 所示。并列式运土，适用于在运土正面宽、运土量大、操作人员的操作技术水平较高的情况

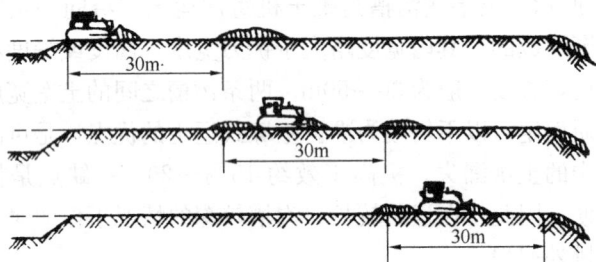

图 8-11　分段式运土

下，横向填筑路基、堆积土壤、铲除土丘和开挖大宽度的沟形构筑物。

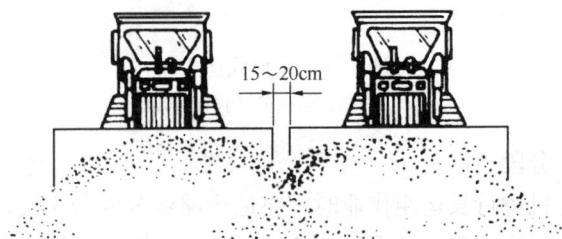

图 8-12　并列式运土

3. 卸土

根据工作性质不同，卸土一般采用平铺卸土和堆积卸土两种方法。

（1）平铺卸土

推运土壤至卸土点时，推土机在行进过程中将土壤缓慢卸出，并同时予以铺散和平整的卸土方法，如图 8-13（a）所示。实施平铺卸土作业时，要根据卸土要求的厚度，使铲刀与地面保持适当的高度，以便推土机在行进过程中将卸出的土壤以相应的厚度平铺于地面。此种作业方法，能较好地控制铺土厚度，利于以后的压实作业；适用于在构筑填土路基、平整作业和铺散路面材料时应用。

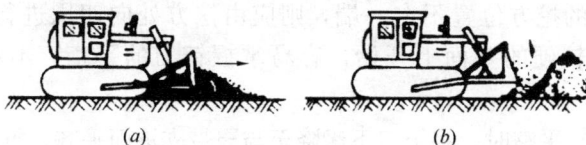

图 8-13　卸土

(a) 平铺卸土；(b) 堆积卸土

（2）堆积卸土

将推运至卸土点的土壤，成堆地迅速卸出，而不进行铺散和平整的卸土方法，如图 8-13（b）所示。实施堆积卸土作业时，推土机可采用迅速提升铲刀的速举堆积法，或不提升铲刀而挤压前次卸土的挤压堆积法将土卸出。此种作业方法，卸土速度快，土壤集中，对操作手的技术要求不高，适用于在弃土、集土、填塞壕沟、弹坑和构筑填土路基时应用。

4. 回程

推土机卸土后，应以较高速度倒行驶回铲土地段。在驶回途中如有不平地段，可放下铲刀拖平，为下次运土创造条件。如果回程较长或在壕内不便倒车，可调头驶回取土点。

第五节　推土机应用于平整场地

推土机在行驶中铲凸填凹，使地面平整的作业方法分为铲填平整法和拖刀平整法；主要用于修整路基、平整地基、回填沟渠和铺散筑路材料。平整作业，通常开始时多采用铲填平整法，只有推土机在最后的几个行程，才采用拖刀平整法。

1. 一般场地平整

对于面积不太大的场地或一般地基，往外运土已接近完成，标高也基本符合设计要求时，即开始进行平整。作业时应注意下列几点：

（1）平整的起点应是平坦的，并自地基的挖方一端开始。

若地基的挖方位置不在一端，则应由挖方处向四周进行平整。平整从较硬的基面上开始，容易掌握铲刀的平衡，不易出现歪斜。

（2）平整时，将铲刀下缘降至与履带支承面平齐，推土机以Ⅰ速前进，铲去高出的土壤，填铺在低凹部，如图 8-14 所示。一般要保持铲刀的基本满负荷进行平整，可以保证铲刀平冲，不致使地面上再现波浪形状。

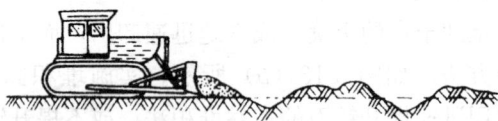

图 8-14　用推土机平整场地

（3）平整应保持直线前进，并按一定顺序逐铲进行，每一行程，均应与已平整的地面重叠 0.3～0.5m。对于进行平整所形成不大的土垄，可用倒拖铲刀的方法使之平整。此时，铲刀应置于自由状态。

（4）在平整时，除起推点外，尽量不要铲起过多的土，因此时除起推位置稍高外，其他处的标高基本合适。若不慎出现波浪或歪斜，可退回起推点，重新铲土经过该处后即可消除。

2. 大面积地基的平整

对大面积地基的平整，操作方法与一般地基的平整基本相同，但还应注意以下几点。

（1）在狭长地基上可横向进行平整，太宽时可由中间向两边进行平整，方形的地基可由中心向四周进行平整。这样能缩短平整的距离。平整距离太长时，铲刀前的松土不易保持到终点，容易使铲刀切入土中，不利于平整。

（2）大面积平整可分片进行，特别是多台推土机参加作业时，更宜如此。这样可以提高效率，又能保证平整质量。

（3）平整时，不应交叉进行（单机平整其路线也不应交叉），应沿场地一边开始，向另一边逐次进行，或由中间逐次向两边进行平整。

（4）平整经过石方较多的地段时，应注意不要将地基内的石块铲起（可适当提升铲刀稍离开地面），否则，不易使地基迅速达到平整程度，而影响质量。

第九章　推土机的检查、保养及
常见故障排除

第一节　日 常 检 查

1. 日常清洁

为使推土机长期有效地工作，提高工作效率，延长使用寿命，工作后必须每天清洁推土机：

（1）清除铲刀体上部和刀片上黏着的泥土、砂石土；

（2）清除液压油缸、油管及管接头上的砂石、泥土；

（3）清除履带（或轮胎）、引导轮、支重轮等行驶装置上的砂石、泥土；

（4）清除机（或车）架、转向制动装置外壳上的砂石、泥土；

（5）清除油箱、油尺、覆盖件等上的砂土、灰尘等；

（6）清洁空滤器。

2. 渗漏油排查

（1）检查并排除泵、马达、多路阀、阀体、胶管、法兰等各接头处是否有渗漏；

（2）检查并排除内燃机机油与润滑油、液压系统液压油是否有渗漏；

（3）检查并排除空调管路否有渗漏；

（4）检查内燃机的油、气、水管路是否渗漏。

3. 电气线路检查

（1）经常检查线束对接的接插件是否有水、油，应经常保持干净；

（2）检查灯、传感器、喇叭、刹车压力开关等处的接插件及螺母是否紧固可靠；

（3）检查线束是否有短路、开断、破损等情况，应保持线束完好无损；

（4）检查电控柜内接线是否有松动，应保持接线牢靠。

4. 油位、水位检查

（1）检查整机润滑油、燃油及液压油油量并按规定加入新油至规定的油标指示刻度；

（2）检查组合散热器的水位并按规定加入到使用要求。

第二节　维　护　保　养

1. 维护保养一般常识

（1）车辆应保持清洁，以便能及时发现问题。特别是润滑油嘴部和油量检测窗口应保持清洁，避免混入脏物。

（2）根据不同气温选用指定黏度的润滑油，所使用的容器应干净，防止灰尘混入。检查及更换润滑油时，应在无灰尘的场地进行。

（3）添加燃料时，应注意油桶表面的水和油桶底部的水，防止混入燃料中。

（4）检修油路加油、放油时，首先要解除压力。程序是：把推土板放在地面，使发动机停止运转，待油温下降后，将控制杆拨到各个位置二次或三次，然后拧松加油口盖。其次要注意排放出的油中有无过多的金属颗粒或其他异物。

（5）检修时应挂检修牌，以防有人启动或开车。

（6）注油口都设有滤网，注油时不得取下滤网。

（7）更换或清洗滤清器滤芯、滤网后，请排除液压油路中的空气。

（8）作业完后，不要立即放油、放水及更换滤芯，应等待温度下降后再进行。很冷时放油要适当加热，一般在 20～40℃内进行。

（9）润滑油过多、过少都不好，换油和加油时应保持在正确油位。

（10）注润滑脂后，挤出的脏油应清除干净。特别是对粘有砂土和灰尘能加快磨损的部位，应特别要注意清除干净。

（11）清洗部件时，应用不可燃的清洗剂或柴油，使用柴油时应远离火源。

（12）卸下装 O 形圈或密封圈的零件时，安装面要清除干净，并应更换新密封件。

（13）盖板打开后，检修内部时，应注意防止口袋中的工具掉出。

（14）应遵守车上标示的注意事项。

（15）在更换工作油箱的油和滤芯、拆装液压油缸或作业装置油管后，为抽出混入的空气，将油门操纵手柄放在低速位置，操纵控制手柄使油缸活塞杆来回伸缩 4～5 回（此时油缸活塞不要行至顶点，离顶点约 100mm）。此后再使油缸活塞行至顶点，来回伸缩 3～4 回。

一开始就以高速运转发动机或油缸行程伸到顶点，混入油缸内的空气会损伤活塞的密封件。

（16）在泥水中、雨中、海滨、雪中作业时，作业前应检查油塞、螺母有否松动和掉落。各部应加油润滑，特别是在泥水中工作的工作装置的销子应每日加油润滑。

（17）在海滨作业时电器装置应注意防腐蚀。

（18）在多灰尘地点作业时，要注意以下事项。

1）注意显示空气滤清器滤芯堵塞的灰尘指示灯，及时清扫滤芯。

2）散热器散热片应勤打扫，防止堵塞现象。

3）燃油滤清器应勤清洗，定期更换。

4）电器部件特别是启动电机和发电机应勤打扫，注意防尘。

（19）在多岩石地带作业时，应注意行走装置的损伤，螺栓、螺母有否松动、裂痕、损坏等，履带不要张得太紧。

（20）拆卸履带板时勿把手指放在两块履带板之间，拆装刀刃要戴手套。

（21）两人以上一起工作时，要按负责人的安排进行工作。不要做计划以外的事情。

（22）不要在有火的地方处理燃油、机油润滑脂或有油污的衣物。为防火，要了解消火栓及其他防火器材存放位置及其使用的方法。

2. 每班检查及保养

（1）漏油、漏水的检查；

（2）各部螺栓、螺母松动的检查和紧固；

（3）电器线路的断线、短路、接头松动的检查；

（4）冷却水的检查和补充；

（5）燃油量的确认；

（6）发动机油底壳油量的检查和补充；

（7）变速箱（包括液力变矩器）的油量检查和补充；

（8）转向离合器（包括锥齿轮箱）油量的检查和补充；

（9）燃油箱混入水和沉淀物的清除；

（10）制动踏板行程的调整；

（11）对于柴油机的检查、保养应按照使用说明书规定进行。

第三节　常见故障判断和排除

推土机的常见故障判断和排除，见表 9-1。

异常现象		原因	排除方法
推土机不起步	挂任何一挡都不起步	1. 粗滤器网堵塞	清洗
		2. 泵吸入段吸入空气	修理、更换
		3. 泵磨损或咬死	修理、更换
		4. 分动箱传动系故障	修理、更换
		5. 控制阀调节安全阀失灵	修理、更换
		6. 快速返回阀节流孔堵塞	清洗
		7. 转向离合器打滑	更换
	在特定挡位能起步	1. 变速器离合器密封漏油	更换
		2. 变速器离合器烧结	更换
		3. 变速器或变矩器内部零件损坏	修理、更换
		4. 活塞密封环磨损漏油	更换
	油温上升则变得不能起步	1. 泵磨损或卡住	更换、修理
		2. 变速箱离合器密封不良	更换
		3. 活塞及密封件损坏	更换
	变速箱调节安全阀压力低	1. 滤网堵塞	清洗
		2. 泵吸入空气	修理、更换
		3. 阀杆卡住	修理
		4. 分动箱故障	修理、更换
		5. 变速箱离合器密封失效	更换
牵引力小、车速慢	油温低时泵发出异常响声	1. 粗滤器网堵塞	清洗
		2. 泵吸入空气	修理、更换

异常现象		原因	排除方法
牵引力小、车速慢	只在特定挡车速、牵引力正常	1. 变速箱离合器失效 2. 变速箱离合器烧结 3. 回转离合器故障或密封失效	更换 更换 修理、更换
	变矩器油温高	1. 泵吸入空气或滤网堵 2. 泵磨损严重 3. 安全阀弹簧失效 4. 内部漏油 5. 回油泵不良	修理、更换 更换 修理 修理、更换 更换
	变矩器失速转速低	1. 内部漏油 2. 回油泵不良	修理、更换 修理、更换
	变速箱安全阀压力低	1. 调节安全阀弹簧失效 2. 变速箱离合器密封不良 3. 回转离合器故障或密封不良 4. 回油泵不良 5. 发动机故障	更换 修理、更换 修理、更换 清洗、更换 更换、修理
	变矩器入口压力低或出口压力低	1. 泵吸入空气或滤网堵塞 2. 泵磨损 3. 安全阀弹簧失效 4. 内部漏油	清洗、更换 更换 更换 修理、更换
	放油塞及过滤网上有金属屑	变矩器内部零件损坏	更换
	上述现象不存在时	转向离合器及制动器失效	修理、更换

异常现象		原因	排除方法
转向离合器不能分离	油压低	1. 转向泵磨损 2. 滤网堵塞或泵吸入空气 3. 安全阀开启压力低，密封不好	更换 清洗、更换 调整、更换
	油温升高后不能分离	1. 泵磨损 2. 中央传动轴或离合器活塞密封不良	更换 更换
	油温正常而不能分离	转向离合器烧结	更换
	有时能分离或分离后不能接合	转向阀杆动作不良	修理、更换
	仅一侧能分离	1. 中央传动轴或离合器活塞密封失效 2. 阀杆卡住	修理 修理、更换
	离合器活塞漏油量大	密封失效	更换
	平地或下坡转向性能差	制动器失效	调整、更换
	以上现象均不存在时	1. 油量是否适量 2. 转向离合器操纵杆的调整是否正确 3. 阀杆行程是否正确 4. 制动器的作用是否正常	调整 调整 调整 调整
	清洗安全阀或增加垫片后油为正常	安全阀压力低，密封不良	修理、更换

异常现象		原因	排除方法
转向离合器打滑	仅一侧打滑	1. 主动片和被动片磨损、变形	更换
		2. 弹簧压紧力不足、破损	更换
		3. 法兰盘的压紧螺母松脱	更换
		4. 离合器密封不良	更换
	离合器分离后不能复位	1. 转向阀杆卡住	修理
		2. 摩擦片卡住	修理、更换
启动时车体振动	任意挡启动车体振动	空挡安全开关不良	调整、更换
	空挡时启动发动机车体振动	变速箱离合器烧结	更换
	油温上升后振动消失	使用油不恰当	换油
	起步、换挡时冲击大	1. 调节安全阀节流孔堵塞	清洗、更换
		2. 快速返回阀节流孔堵塞	
变速杆	脱挡	控制阀的速度阀杆定位装置不良	调整
	换挡吃力	铰接转动部过紧	修理、更换
	换挡过轻	阀杆弯曲，制动装置卡紧	修理、更换
变速箱、后桥箱油面增减		变速箱输出轴油封失效	更换
拉动一侧转向操纵杆推土机不转向而停止，发动机降速		1. 油泵吸入空气	更换
		2. 油泵损坏	更换
		3. 转向机构调整不良	调整
拉动一侧手柄，车辆不转向而直行		1. 离合器没分离	修理、更换
		2. 制动器不工作	调整

异常现象		原因	排除方法
起步、变速时滞留时间长	油温低发出异常响声	1. 滤清器堵塞 2. 泵吸入空气	清洗 修理
	挂任何挡，滞留时间都长	1. 滤清器堵塞或泵吸入空气 2. 泵磨损严重 3. 调节安全阀弹簧软，阀杆动作不良 4. 快速返回阀节流孔堵塞或阀杆动作不良	清洗 修理、更换 修理、更换 清洗、修理
	在特定挡起步正常	1. 变速箱离合器密封不良 2. 回转离合器不良 3. 回转离合器密封失效	更换 更换 更换
	挂任何一挡，变速箱调节安全阀压力低	1. 滤清器堵塞或泵吸入空气 2. 泵磨损 3. 调节安全阀弹簧软，阀杆动作不良 4. 快速返回阀节流孔堵	清洗、修理 更换 修理、更换 清洗
	变矩器油温超过正常范围	1. 滤清器堵塞或泵吸入空气 2. 泵磨损	清洗、修理 更换
	以上现象都不存在时	1. 变速箱或后桥箱的油量是否适当 2. 管路、阀联接部是否漏油	调整 修理

异常现象		原因	排除方法
转向制动不起作用	油压低	1. 泵不转（分动箱造成） 2. 泵吸入空气或滤油网堵塞 3. 泵磨损 4. 安全阀开启压力低，密封不良	修理 修理、清洗 修理、更换 修理、更换
	油压正常但制动器不起作用	1. 制动助力器活塞或制动阀阀杆动作不良 2. 制动带衬片磨损剥落严重	修理、更换 更换
	同时拉紧左右转向杆，但不停车	1. 转向离合器分离不彻底 2. 制动阀卡死	修理 修理
	仅一侧不启动	制动带衬片磨损剥落严重	更换
	油温上升后制动器不起作用	转向制动泵磨损严重	更换
	油温低时泵发出异响	1. 泵吸入空气或滤油网堵塞 2. 油量超过要求	清洗 调整
	旋开安全阀塞没油流出	泵不转动（分动箱造成）	修理
	清洗安全阀或增加垫片后，油压变正常	安全阀开启压力低，密封件失效	更换、修理
	以上现象不存在时	1. 油量低于要求，油脏 2. 控制联动装置调整不当 3. 操纵连杆弯挠或松脱	补充、更换 调整 修理

异常现象		原因	排除方法
推土板提升力小、速度慢	发动机高速推土板到最高位置后油压不上升	1. 泵磨损严重或管路漏油 2. 泵吸入空气或滤清器堵塞 3. 安全阀开启压力低,节流孔堵塞或密封失效 4. 升降油缸头部密封不良 5. 油缸活塞阀不良 6. 下降补油阀密合不良	修理、更换 修理 修理、更换 更换 清洗、更换 修理
	发动机低速推土板到最高位置后油压不上升	1. 提升补油阀密封不良 2. 阀至油缸管路漏油 3. 油缸头端密封不良 4. 油缸活塞阀失效 5. 下降补油阀密合不好	更换 修理、更换 更换 清洗、更换 更换
	油泵有异响,排油量小	1. 泵磨损严重 2. 泵吸入空气或滤网堵塞 3. 液压油量不足	更换 修理、清洗 补充
	堵塞油缸端面的管路,自然下降量还大	1. 提升补油阀密合不好 2. 油缸头或油缸油塞密封不良	修理 更换
	推土板下降不能支起车体	1. 提升补油阀密合不良 2. 油缸密封环失效 3. 油缸活塞阀密合不良 4. 下降补油阀密合不良 5. 油路系漏油	更换 更换 清洗、更换 清洗、更换 修理

异常现象		原因	排除方法
推土板不能提升	发动机高速，升降油缸提升油压不上升	1. 泵磨损 2. 安全阀压力低，节流孔堵塞密封不良 3. 提升补油阀密合不良 4. 油缸密封环失效 5. 油缸活塞阀密合不良 6. 下降补油阀密合不良 7. 管路系统漏油	更换 调整、清洗、更换 清洗、更换 更换 清洗、更换 清洗、更换 修理、更换
	发动机低速，升降油缸提升油压不上升	1. 提升补油阀密合不好 2. 油缸密封环漏油 3. 油缸活塞阀密合不好 4. 下降补油阀密合不好 5. 管路系统漏油	清洗、更换 更换 清洗、更换 清洗、更换 修理
	负荷时油泵几乎没有油排出	1. 泵磨损 2. 分动箱故障造成泵不转动	更换 修理、更换
	拆掉油缸上腔油管，发动机低速，操纵杆置提升位置时，虽油缸不动，但上腔出油	1. 油缸密封环磨损 2. 油缸活塞阀密合不良 3. 下降补油阀密合不好	更换 清洗、更换 清洗、更换
	以上现象不存在时	1. 液压油不足 2. 操纵杆及控制阀行程不当	补油 调整

异常现象		原因	排除方法
推土板自然下降量大	堵死油缸下腔管路，下降量还大	1. 缸盖密封不良 2. 油缸活塞阀密合不好 3. 下降补油阀密合不好	更换 清洗、更换 清洗、更换
	控制阀处向油箱外部漏油	1. 提升补油阀密合不好 2. 管路漏油	清洗、修理 修理、更换
	控制阀处回油管漏油	阀杆研合不良，有伤痕	修理、更换
	下降量突然变大	阀内混入灰尘，零件破损	修理、更换
	下降量慢慢变大	零件磨损	更换
电气部分	发动机转速很高，灯也很暗，发动机运行时灯闪烁不定	1. 接线不良 2. 皮带的张紧调整不适	接点松动或有短路处 重新调整皮带张紧
	发动机高速运转不充电	1. 发电机损坏 2. 接线不良	更换 检查、修理
	发电机有异常噪音	发电机损坏	更换电机
	启动开关接通后启动马达不启动	1. 接线不良 2. 蓄电池充电不足	检修、修理 充电
	启动马达小齿轮进出不灵活	蓄电池充电不足	充电
	启动马达转速低	1. 蓄电池充电不足 2. 启动马达损坏	充电 更换电机
	启动马达在发动机启动之前断开	1. 接线不良 2. 蓄电池充电不足	检修 充电
	发动机熄火时，油压表指针还在绿色区或油压指示灯不亮（启动开关处于接通位置）	1. 油压表或油压指示灯损坏 2. 油压感应塞损坏	更换油压表或油压指示灯 更换油压感应塞

第十章 推土机的安全管理

第一节 一般规定

1. 新推土机的走合

出厂前每台推土机虽然都做了调整和试验。但是新的推土机在最初的 100h 内需要谨慎操作，以使各零部件相互磨合。初期的恶劣全负荷作业，会过早地降低机械性能，缩短机械的使用寿命，因此新的推土机一定要按规定操作，特别要注意以下几点：

（1）为确保机械使用安全，防止隐患事故，必须进行作业检修和定期检查。

（2）启动后应怠速运转 3~5min，使发动机的温度能达到工作要求。

（3）应避免重载或高速行驶。

（4）突然的起步和加速，不必要的急刹车和急转弯，也要避免。

2. 驾驶注意事项

（1）转向离合器的操作如集中在一侧，或在半接合状态下缓慢旋转，都会导致转向离合器的过早磨损。所以行走路线的选定、转向操作等都应适当。

（2）下坡时，如利用发动机本身制动下行，当发动机转速有过高的危险时，应采用制动器并用的方法下行。

（3）在水中作业时，水深不得超过托带轮的中心线。

（4）在倾斜的地方停止发动机时，应马上用力踩下制动踏板，放下工作装置，用制动锁定杆将制动踏板锁定。如需启动时，变速手柄放在空挡位置后，再启动发动机。

（5）作业中，液力变矩器油温如超出绿色的范围，应减轻作业负荷等待温度下降。

（6）在灰尘很高的场合时，应喷水后再进行作业。

3. 推土机作业范围

（1）推土作业

掘削土石方向前推运。开挖斜面时，通常由上向下作业，效率更高。若将土石方推向一侧时，推土板可水平斜倾 25°作业（角铲）。

（2）平地作业

在掘削或堆土石方的场地上进行平整作业时，用推土板满载填平用的小块土石方，使其上下找平前进。最后将推土板放在"浮动"的位置，牵引推土板低速后退。为保护推土板，表面不得有岩石等物。

（3）硬土、冻土的掘削及挖沟作业

将推土板倾斜作业，这样可用斜的角铲掘削，以提高效率，如更硬的土质可用松土器破土，这样可大大提高作业效率。

（4）推树、拔根

直径 100～300mm 的树木，升高推土板，顶推 2～3 下就可推倒。然后，后退推土铲，用铲角清根。作业时应注意不得高速，避免冲击和树木倒后造成危险。

推土铲水平倾斜和垂直倾斜时，不得从事拔根等作业。

第二节　安全管理

1. 运输

（1）装载运输方法

1）拖车可靠制动，轮胎应用垫木止动。跳板的摆放应与拖车和推土机的中心相一致，并应有确实的固定设施。（图 10-1）

跳板的宽度、长度、厚度应确保装车、下车安全。

2）跳板要摆正方向，装车、下车要平稳。（图 10-2）

在跳板上不得修正方向，如需修正方向必须退回修正。

3）所装运的机械应在拖车的重心位置。

4）运输中，为防止推土机窜动，履带前后用角材固定，并用链条或铅丝固定，特别要注意防止横向摆动。（图 10-3）

5）放下作业装置，各操作手柄放在下述位置。

① 油门操纵杆推到底。

② 推土板操纵手柄放在保持位置，用安全手柄锁定。

③ 拔下启动开关的钥匙。

④ 变速手柄置于空挡位置并锁定。

公路装载运输步骤：图 10-1～图 10-3。

图 10-1   图 10-2

图 10-3

（2）铁路运输

除上述规定外，还应注意：

1）刀铲宽度超过铁路规定的宽度运输时应将刀铲卸下，置于推土机腹下，并固定牢靠。

2）吊装时应由运输部门提供专用吊具，注意吊装位置（重心）和碰撞。

运送路线应考虑到道路、高度、重量的限制。

车辆装卸时应选择平坦、坚固的地方，另外应注意与边道保持一定的距离。

（3）道路驾驶

1）行驶前，须将铲刀置于行驶状态。

2）遵守基本安全规则和交通规则，在城市行驶时，要按指定路线通过。

3）行驶中，气压应保持在 0.6～0.8MPa 之间。若水温超过 100℃，变矩器油温超过 110℃时，必须停车冷机。

4）变速油压低于 1.2MPa 或变矩器出口压力低于 0.15MPa，应停车检修。

5）进行拖载运输时，严格控制机械的超长、超宽和超高；特殊情况下，超限在允许范围内，除加标示外，应减速慢行。

6）下坡行驶时，严禁将发动机熄火或空挡滑行。

7）工程机械编队行驶时，应根据道路情况，保持适当间距，通常履带式机械在 20～30m，轮胎式机械在 25～50m 的范围。

8）推土机在行驶中，应根据道路、气候情况，适当掌握速度、转向和制动，避免频繁制动和紧急制动。

9）轮胎式机械在泥泞或冰雪道路上行驶，应采取防滑措施。

10）履带式推土机的行驶路线，应避开沥青、水泥路面；非通过不可时，应在履带下铺垫胶带、木板等保护路面的材料。

11）推土机行驶或以拖平车载运经过桥梁（涵洞）时，必须预先了解桥梁（涵洞）的载重量，禁止超载通过；多台次机械通过桥梁（涵洞）时，必须纵列、依次通过。

12）推土机通过铁路时，必须看清信号和道路两端的情况，在交通指挥哨的指示下，迅速通过；机械等待通过铁路时，停放位置距轨道不得小于 10m。

13）推土机通过沼泽或松软地段时，应选择直线、中速行驶，避免转向、变速、制动和突然加速、减速。

14）长时间在坡道停车时，应锁紧脚制动。必要时用三角木或石块塞住车轮。

第三节 安全注意事项

1. 操作人员必须熟悉推土机的用途、性能和构造，掌握操作技术，熟悉保养规程和技术安全规则，并应取得相应特种作业操作资格方可操作。

2. 按照使用说明书的要求进行维护保养，使机械经常处于良好的技术状态。

3. 转向和制动性能不好时，不准出车。

4. 推土机必须在润滑油和冷却水充足的情况下才能启动，并确认各系统工作正常后，方可行驶和作业。

5. 在行驶、作业前，操作手必须发出信号，在确认不会碾压、碰撞人员和物件后，方可开动机械。

6. 在行驶或作业时，禁止人员上下机械和在铲刀、推杆等部位上站立。

7. 推土机在运转中，操作手必须坚守岗位，不得擅自离开。

8. 推土机停止作业时，不论时间长短都应将铲刀置于地面上，以防伤人。

9. 夜间作业照明设备应完备，必要时应有专人指挥，并在危险地段设置明显的标识及护栏。

10. 严禁用外部电源直接启动发动机。

11. 发动机运转时严禁将手、头等部位接触运转部件。

12. 环境温度低于0℃时，长时间停工或在夜间，应将发动机冷却水（无添加防冻液）放净。